台灣自然圖鑑 33

U0010137

室內觀賞植物圖鑑〔下〕

Indoor Ornametal Plants

下冊收錄570種室內觀賞植物，包括鳳梨科、百合科、竹芋科、蕨類植物門，3000餘幅特寫生態去背圖及栽培手繪圖，教你輕鬆在家種綠能環保植物。

晨星出版

CONTENTS

鳳梨科Bromeliaceae　014

鴨跖草科Commelinaceae　088

竹芋科Marantaceae 169

　　我的人生已經早過半百，不久也將屆齡退休，離開我非常熱愛的教書工作，進入東海大學任教，不知不覺就晃過了30多年。當個老師，曾是我小時候的願望，再出這本書要寫序時，還是必須一再感謝讓我進到景觀植物領域的曹正老師，也是曹老師讓我的人生夢想願意實現，曹老師肯定是我人生的大貴人，聘我來東海大學景觀系任教，那時我才從台灣大學園藝研究所造園組畢業2年的碩士菜鳥，對於觀賞植物不怎麼熟悉，曹老師這位當代規劃大師，竟也規劃了我人生最關鍵的時段，要我擔任植物方面的一系列課程，我就這麼跳了進去，不知不覺地，在觀賞植物的領域闖下了一片小小的天地。曹老師，謝謝您喲！！

　　我的植物書總喜歡配些插畫，但找到合乎我水準的植物插畫高手，卻是何等不易，所以常常需等機緣來到才能出書，這本書的插畫作者張世旻，大學所學乃建築，並非植物相關，大學畢業後，轉來就讀東海大學景觀研究所，看到他細緻精美的植物插畫，讓我喜獲至寶，世旻也藉著完成這本書的插畫，對植物的花葉細微精緻之處更掌握其精髓。

　　這本書製作過程，正值舉辦2010台北國際花博，有幸擔任專業顧問，新生公園的臺北典藏植物園新一代未來館，成為此書搜集室內植物與拍照的目標之一，經常北上未來館賞植物並拍照，其中特別一提的秋海棠科，於未來館溫帶植物區之秋海棠品種展示，乃中研院彭鏡毅教授所提供，常從春天陸續欣賞到冬天，不錯過每一種秋海棠花朵的綻放。另外的焦點植物區，亦是我常去拍照之處，該區乃「辜嚴倬雲植物保種中心」，為保育全球熱帶與亞熱帶植物，永續地球上豐富的生物多樣性所盡的一份力。

於東海大學景觀學系

章錦瑜 201409

如何使用本書

本書共收錄570種室內觀賞植物，包括鳳梨科、鴨跖草科、苦苣苔科、百合科、竹芋科、桑科、胡椒科、蕁麻科、薑科共9科，以及蕨類植物門21科蕨類植物。以學術分類排序，並以詳細的文字，配合去背圖片、插圖及表格說明，方便讀者認識及辨識各種室內景觀植物。

科屬介紹欄

列出該科或該屬植物的基本特性、適合生長環境、栽種要訣、照顧方法及需注意的病蟲害等資訊。

側邊檢索欄

詳列該植物的科別，方便檢索。

中文名稱欄

列出最常見的中文名稱，方便讀者查詢。

主圖

以去背主圖，突顯植物花果枝葉等辨識重點，以及型態特徵。

Guzmania

鳳梨科

*Guzmania*屬鳳梨，陸生或附生者均有，原生育地為熱帶美洲，哥斯大黎加、巴拿馬、哥倫比亞、厄瓜多爾、墨西哥等地。體型屬於中至大型，株高40~100公分。葉片多帶狀，每株葉片為數頗多，簇生於短縮莖上，仿如自根際發出。葉片硬挺、革質，葉面平滑無毛茸，全緣無刺。總花梗多無分歧，單支自葉群中央直挺而出，圓錐、穗狀或群聚似頭狀之花序。具有明顯、大型、色澤鮮艷持久的美麗總苞，觀賞期長達半年之久。小花由總苞中鑽出，小花瓣合生成管狀，子房上位，蒴果。

可放置戶外中度光照環境，室內宜位於明亮窗口旁，生長開花較理想，且苞片或花序之色彩較鮮麗。盆土稍潤濕即可，重點乃葉杯不可缺水，生長旺季每月施稀薄液肥一次。繁殖法可用播種、分株或母株旁新萌生的小植株分株之。

▶各花色之擎天鳳梨

紫擎天鳳梨

學名：*Guzmania* cv. Amaranth

株高60~90公分，葉長50公分、寬3~4公分。

▶總苞紫紅色

橙擎天鳳梨

學名：*Guzmania* cv. Cherry

▲株高70~90公分，線形綠色葉片長約60公分、寬約4公分

▲小花藏於苞片腋基內

▶總苞片橙紅色，苞片愈近葉群則漸轉綠色

類似植物比較欄

詳列類似植物辨識差異，並佐以圖片顯示，方便辨識。

手繪繁殖欄

以擬真手繪圖，詳細介紹植物的繁殖技巧與步驟。

類似植物比較：白紋草與吊蘭

項目	白紋草	吊蘭
小白花	綻放於短而直立的花軸上	著生於走莖
葉片	葉片短而寬，紙質，較薄軟，葉長多 20 公分以下、寬 1~2 公分	細長，長 20~30 公分、寬 1~2 公分，革質硬挺
地下部	密生白色短胖的地下塊根	肉質粗根末端肥大
品種	品種較少	種類多，有中斑吊蘭、吊蘭及鑲邊吊蘭
耐寒性	耐寒性較差，冬季於室溫 15℃以下生長不良，葉片萎黃掉落，進入休眠	耐寒性較佳，台灣平地室內越冬幾乎不會落葉
繁殖法	分株	除分株外，用走莖的小吊株容易繁殖
走莖	無	具走莖，走莖前端著生子株

► 白紋草

◄ 吊蘭

白紋草分株法繁殖

1 將母株自盆缽移出

2 自根部將植株分成兩部分

3 各別種入不同盆缽

花鳳梨

Guzmania dissitiflora

...長30~90公分、寬3~6公分，葉...緻的縱走白色斑條，葉背有鱗片...。穗狀花序　直立，抽生...各自分離...小花，自...花梗上斜生...

...片紅色、黃色

◄葉深綠色

黃花大擎天鳳梨

學名：*Guzmania 'Hilda'*

英名：Hilda Bromelia

株高45~60公分，穗狀花序、花梗長60公分。

► 苞片鮮黃色、基部及前端常帶綠色

▼葉線形、深綠色

紫花小擎天鳳梨

學名：*Guzmania 'Ilse'*

短穗狀花序，小花黃色，苞片紫紅色，其花序較紫擎天鳳梨短。

資訊欄

詳列該植物的學名、英名、別名及原產地，方便查詢。

主文

詳列該植物的基本特性、適合生長環境、栽種要訣、照顧方法及需注意的病蟲害等資訊。

鳳梨科
Bromeliaceae

鳳梨科（Pineapple family）植物數量龐大，多分布於熱帶至暖溫帶，中、南美洲雨林區，以及多岩礁的海岸林帶，常附生於樹木、礁石或林層下，除地生型外，有些甚至演化成著生植物。

於明亮、溫暖的生育環境，觀賞鳳梨將展現出美麗的一面。頗耐乾旱，照顧尚容易。除觀葉外，不少具觀花、觀果性，觀賞期甚至長達數月之久。鳳梨具「旺來」意象，因此成為台灣年節花市的寵兒。

具有肉質，堅實硬挺的單葉，簇生於短縮莖，葉面直立或曲垂，葉緣常具銳刺。植株長大後，由葉叢中央抽穗開花，圓錐、穗狀花序，或群聚成頭狀。依生態習性可分為地生型、積水型、以及空氣型。地生型之根系發育較好，但無法由葉杯截留及保存水分；包括：*Ananas, Cryptanthus, Orthophytum, Dyckia, Hechtia, Pitcairnia*等屬。

◀ 觀賞鳳梨布景方式多樣化

▲賞花鳳梨之碩大、色彩
繽紛、造型殊異的花序

　　鳳梨科積水型之植株於其簇生葉群之中央生長點處，會自然形成凹槽，稱為葉杯，用來積存水、養分，於乾旱期間提供生長所需；根常固著於樹上，包括：*Aechmea, Billbergia, Neoregelia, Nidularium, Guzmania, Vrisea*等屬。空氣型則有*Tillandsia*屬。

　　觀賞鳳梨具挺拔的株型，觀葉性則由其葉面斑紋、斑點或鑲邊等展現亮麗葉色，觀花性鳳梨多由其總苞、小花、萼片及苞片之型、色、質地來展現其美麗花序。花後結的漿果亦常因量多、色美、型殊而具觀果價值。

　　有些觀賞鳳梨於開花後，母株即死亡，但於母株根際四周會自然分蘗，產生許多吸芽（Sucker），待長得夠大、方便處理時，即可連短縮莖一起剝離母株，種植於盛裝蛇木屑之淺盤上栽培，注意供水，生長良好後即成為一獨立植株，此分株法繁殖頗容易。另外亦可利用果實頂端的冠芽或播種來繁殖。

▶鱗蕊蜻蜓鳳梨 "歐洛克"
（× *Androlaechmea* "O'Rourke"）
葉片挺直，葉基泛紅暈彩

觀賞鳳梨利用果實頂端的冠芽繁殖

1 切除莖頂之冠芽

2 種植於混加蛇木屑之介質

3 冠芽發根長成一新植株

觀賞鳳梨採用分株繁殖

1 將植株帶土移出盆缽

2 連同短縮莖一起剝離母株

3 種植於混加蛇木屑之盆缽，注意供水

4 單植為一獨立植株

栽培注意事項

觀賞鳳梨葉片多肉質厚實，相當耐乾旱，亦常被視為多肉植物。但生長所需水分，非貯存於其葉肉，而是葉杯內。根系除固持、吸附之功能外，吸水機能卻非必需。因此無根或根群受損，只要葉杯內有水，生長就不受影響，因此澆水以及施加液肥的對象乃葉杯，葉杯內無水時，須及時補充水分，但於蒸發緩慢季節，就無須給水太多，免發臭腐爛。

栽培介質質地宜疏鬆、多孔質，須通氣、排水良好，如粗河砂、蛇木屑、細碎瓦片、煤渣、腐熟樹皮及稻殼等，與土壤混合使用，多施加有機廄肥，更有利於生長。生育期間可定期（2星期一次）施用稀薄的化學完全肥料以補肥之。

另為促進開花，可利用乙炔飽和水溶液，倒入植株葉群中央的葉杯內，而後產生乙烯氣體，只要株體夠大，數週後即可開花。病蟲害不多，惟須注意介殼蟲及薊馬，在發生早期用肥皂水噴布亦具防治效果。

觀賞鳳梨澆水

◀供水時，除土壤須潤濕外，葉杯亦須澆水

▶葉杯內的水，可供植物生長所需

Acanthostachys

松毬鳳梨

學名：*Acanthostachys strobilacea*

原產地：巴西、巴拉圭、阿根廷

　　全株披白色細小鱗片，株高90~100公分，綠色莖、但與葉連接處呈微紅色。葉線形、深綠色，長可達1公尺，無葉柄，老葉乾枯後宿留基部。穗狀花序，管狀花亮黃色、萼片紅色。全日照植物，最低限溫-6.6℃。

◀葉緣紅色
鋸齒狀

◀穗狀花序形似
松樹之毬果

Aechmea

　　多為附生或地生，主要分布於南美巴西、亞馬遜、秘魯、委內瑞拉、墨西哥至哥倫比亞、蘇利南、蓋亞納、圭亞那、西印度群島等。葉蓮座狀叢生，長約30~60公分，革質，葉緣鋸齒或具刺。具多樣葉形及葉色，可種於室內觀賞。花色多種，紅、黃、藍、紫皆有，花梗自植株中央長出。

安德森蜻蜓鳳梨

學名：*Aechmea andersonii*

　　葉綠色，具淺灰色橫向條紋。花紫色、苞片紅色。

極黑蜻蜓鳳梨

學名：*Aechmea 'Black on black'*

　　葉自基部環狀叢生，株高40公分、幅徑30公分，葉片直出線形、深綠至濃紫黑色。穗狀花序，花梗紅色，萼片深紅色，小花黃色。需明亮之間接光源，側芽可用來分株繁殖。

艷紅苞鳳梨

學名：*Aechmea bracteata*

別名：紅苞蜻蜓鳳梨

　　大型的觀賞鳳梨，株高可達1.5公尺。葉片披針形，長90公分、寬10~15公分；葉緣具明顯突出大棘刺。直立花梗頗長，圓錐花序基部著生大型鮮紅色的苞片，頗具觀賞性，花黃綠色。漿果成熟由綠轉黑，觀果性高。

橫紋蜻蜓鳳梨

學名：*Aechmea 'blanchetiana'*

　　葉長帶形、青綠色，葉緣細鋸齒，粉紅色花梗自中央抽出。

▼葉具白色橫條斑紋

▼花苞白色

鳳梨葉蜻蜓鳳梨

學名：_Aechmea bromeliifolia_

　　植株之葉片環狀叢生，株高超過50公分。葉片直立、亮綠色，寬10公分，葉緣具黑褐色細鋸齒。花梗銀白色，由下而上循序綻放鮮黃色小花。至少需半日照，土壤排水需良好，生長旺季約2天澆一次水，需保持葉杯呈積水狀態。

長紅苞鳳梨

學名：_Aechmea bromeliifolia 'Rubra Form'_

　　葉片環狀排列，植株直立，葉緣鋸齒細小。穗狀花序，小花黃色，由下而上綻放，花後結漿果，由黃轉黑。

▶漿果黑色

▼生長多年呈群聚叢生狀

▶長型紅色苞片包覆於花梗上

◀葉長橢圓形、深綠色，偶帶紅色暈彩

黑檀木蜻蜓鳳梨

學名：*Aechmea chantinii 'Ebony'*

　　葉片直出、長帶狀，葉灰綠色、具深綠橫紋，葉緣鋸齒細小深色。粉色花梗，小花黃色、花苞綠色。

▼橄欖綠葉面、橫向分布銀灰色斑條

斑馬鳳梨

學名：*Aechmea chantinii*
英名：Amazonian zebra plant

　　中型觀葉、觀花性鳳梨，觀賞期長，一株約簇生10葉片。葉線形、挺立斜昇，葉長30~40公分、寬5~8公分，葉背似披白粉。葉端鈍圓有短突尖，葉緣細刺直出。複穗狀花序，整體呈立體角錐狀，有數個分支，花梗基部有大型橙紅之披針形苞片，襯托著數串分歧的穗狀花序，每一小花序呈扁平狀，其上疊生著黃萼、紅苞的小花。

▼葉面具黃色斑點

粉苞蜻蜓鳳梨

學名：*Aechimia 'Crossbands'*

　　葉面翠綠色、葉背灰綠色。穗狀花序，花梗灰白，小花黃色；漿果成熟由黃轉黑色。

▶萼片大、粉紅色

蜻蜓星果鳳梨

學名：*Aechmea eurycorymbus* × *Portea petropolitana* var. *extensa*

葉片線形、青綠色，花梗白色，圓錐花序，花苞粉、花紫紅色。

蜻蜓鳳梨

學名：*Aechmea fasciata*

英名：Silver vase, Urn plant

別名：粉波羅鳳梨、銀斑蜻蜓鳳梨

中型植株，寬線型葉片群簇密聚，葉長40~60公分、寬5~7公分，葉緣密生深色細刺，葉端鈍圓有短突尖。複穗狀花序集生成圓錐球狀，苞片披針形、緣布細刺，觀花期達數月之久，觀賞性頗高。

▶ 紅、粉色
　苞片密生

▼ 花球間綻放著朵朵藍紫色
　的小花，爾後會轉為紅色

▶ 濃綠葉面具
　銀灰色橫走
　細斑條

◀ 花、葉均引人注目

垂花蜻蜓鳳梨

學名：*Aechmea fendleri*

　　株高90公分、冠幅50~100公分，圓錐花序，花期夏季。喜弱酸性介質，排水需良好，喜明亮的間接光源，忌強光直射，最低生長限溫-7℃。

▶小花粉紫色

▶葉青綠色、
　長橢圓形

佛德瑞鳳梨

學名：*Aechmea* cv. *Frederike*

　　葉近長帶形，葉端短突尖。圓錐花序，萼片粉紅色，花紫色。

珊瑚鳳梨

學名：*Aechmea fulgens*
英名：Coral berry

　　葉長帶狀，綠色，長30~40公分、寬5~6公分，圓錐花序，花梗紅色，漿果橢圓形。

▶漿果紅色，
　小花紫色

▼葉面具灰色
　斑紋、葉背
　銀白色

▶紅豔之珊瑚
　色大型花序

紅花蜻蜓鳳梨

學名：*Aechmea fulgens* var. *discolor*
英名：Coral berry
別名：紫背珊瑚鳳梨

　　葉長50公分、寬5公分，葉面灰綠至暗橄欖綠，似披有白粉般，葉背泛紫色，葉緣細鋸齒。每小漿果頂端有宿存之青色小花，觀賞期可達2個月。

◀卵形、紅色漿果

▲葉兩面均具
　細緻的橫斑
　條

▶複穗狀花序自
　植株中央抽出

綠葉珊瑚鳳梨

學名：*Aechmea fulgens* var. *fulgens*

　　葉面具淺色橫斑條，近植株中心處披紅色暈彩，葉背銀白色。花紅色，苞片紅色。

▶漿果紅色

▶葉青綠色，
　軟革質

024

紫串花鳳梨

學名：*Aechmea gamosepala*

別名：瓶刷鳳梨

每植株約有15~20葉片。穗狀花序，小花冠筒長約1.5公分，萼片亦為筒狀，連生於基部，長約0.75公分。

▶萼片粉紅色，花冠藍紫色

▶線形葉，緣幾乎無刺

蜻蜓鳳梨金色旋律

學名：*Aechmea 'Gold Tone'*

葉披針形，面青綠、具深綠色不規則斑紋，背淺綠、具紫黑色不規則斑紋，葉緣黃綠、具黑色鋸齒。

葉下摺鳳梨

學名：*Aechmea melinonii*

株高25公分、冠幅15~20公分，葉長10公分、寬4公分，葉片易下摺。

◀露出之葉杯可供為水生昆蟲棲地

▶葉青綠色，軟質

墨西哥蜻蜓鳳梨

學名：*Aechmea mexicana*

　　株高1公尺、幅寬1~2公尺，葉片中央青綠色。穗狀花序，花梗白色，小花紫紅色，漿果白色。喜充足的間接光源，土壤排水需良好。

黃邊蜻蜓鳳梨

學名：*Aechmea nudicaulis* var. *albomarginata*

　　葉深綠、葉緣黃色，葉緣鋸齒黑色。穗狀花序，花梗紅色，萼片紅色。

▲葉緣黃綠、
　帶紅色鋸齒

銀葉蜻蜓鳳梨

學名：*Aechmea nudicaulis* 'Parati'

　　葉長橢圓形，革質，葉面橄欖綠，葉背泛棕紅色，葉緣黑色鋸齒，穗狀花序，花梗紅色。

▼苞片橙紅色，
　小花黃色

▶葉兩面皆具
　淺灰色斑條

粉彩白邊蜻蜓鳳梨

學名：*Aechmea orlandiana 'ensign'*

　　株高30~40公分、幅徑25~30公分，葉面青綠色，橫布不規則之深綠色斑紋，葉緣白色，鋸齒粉紅色，色彩繽紛。圓錐花序，花梗紅色、粗短，長度約與葉片齊高，萼片紅色，小花白色。介質選用排水良好的砂質土壤，可耐低溫，生長緩慢。

◀全葉布粉
　紅色斑點

紫紅心斑點鳳梨

學名：*Aechmea* cv. *Pectiata*

　　葉翠綠色，寬披針形，新葉色帶紫紅、布黑色斑點，老葉較不具斑點。

鼓槌鳳梨

學名：*Aechmea pineliana* var. *minuta*

　　株高15~30公分，全株披白色鱗片，葉片青綠、布深綠斑點，葉緣黑色鋸齒。小花橙紅色，萼片灰綠色，邊緣具黑色鋸齒，漿果白色。喜充足之間接光源，耐低溫。

▶穗狀花序，
　形似鼓槌

多彩斑紋蜻蜓鳳梨

學名：*Aechmea 'Rainbow × Snowflake'*

　　葉面青綠色、虎紋較不明顯。穗狀花序，花梗橙紅色，苞片紅色，披白色鱗片，小花黃色，色彩豐富。

◀葉背具深
　綠色虎紋

多歧蜻蜓鳳梨

學名：*Aechmea ramose*

英名：Coral berry

　　株高40公分、幅寬60公分。葉長線形，薄革質。圓錐花序自植栽中央抽出，花梗橙紅色，小花紫色，漿果紅色，花期6~8月。需充足的間接光源，適合台灣平地氣溫，生長緩慢。

斑葉青天鳳梨

學名：*Aechmea tillandsioides* cv. *Marginata*

　　葉長40公分、寬2.5公分，葉緣細鋸齒。直立性花穗，花瓣黃色，漿果先白後轉藍色。

▶葉面綠，
葉緣黃色

◀小花苞片由綠
轉黃或紅色

斑馬蜻蜓鳳梨

學名：*Aechmea zebrine*

　　植株直立，葉片帶狀，葉面綠色，葉背具灰白色與深綠色間隔之斑馬紋。

長穗鳳梨

學名：*Aechmea tillandsioides* var. *amazonas*

▼線形葉面中央
　細凹弧狀

原生於雨林中之附生性、大型觀賞鳳梨，葉緣有刺。直出的複穗狀花序，總花梗基部有披針形、血紅色之大型總苞片，分支數頗多，小花彼此間整齊有序地密集排列著生。

▶小花苞片血粉色、
　端緣紅色

Alcantarea

原產地多位於巴西，本屬鳳梨多稱為帝王鳳梨，可能因體型碩大之故，高大花梗也頗驚人。

帝王鳳梨

學名：*Alcantarea imperialis*

冠幅可達1.5公尺，花梗高達4公尺。葉互生，長100~150公分、15公分寬，全緣，基部鞘狀，雨水沿葉面流入由葉鞘形成的葉杯中。葉面深綠色，具灰綠色細條紋，葉背泛紅，葉端紅。圓錐花序，頂生，花紅色。喜中性至弱鹼土壤，可耐乾旱。

食用蜻蜓鳳梨

學名：*Ananas bracteatus* × *Aechmea lueddemanniana*

　　黃綠色的線形葉，新葉與葉背色偏紅紫。

斑葉紅苞鳳梨

學名：*Ananas bracteatus* var. *Tricolor*

　　綠色葉片中央有一白色斑條，新葉淡粉紅色。

食用鳳梨巧克力

學名：*Ananas 'Chocolat'*

　　全株披白色鱗片，新葉泛淺咖啡色暈彩，老葉翠綠色。

紅皮鳳梨

學名：*Ananas comosus*

　　葉中肋綠色、緣黃綠，葉背灰綠、似披白粉。
果皮紅豔，
具觀賞性。

台農鳳梨

學名：*Ananas comosus*

　　台灣農業試驗所研究培育出的園藝栽培種，以纖維少、糖度高、酸度低、風味佳、適合食用為其改良目標。結果盆栽可放室內供觀賞，但時間不長。

▼台農4號釋迦鳳梨

▼台農18號鳳梨

▼台農17號金鑽鳳梨

▶台農20號牛奶鳳梨

▼台農6號蘋果鳳梨

▼台農11號香水鳳梨

033

鳳梨-三菱系

學名： *Ananas comosus sp.*

葉背稍披白粉，果實橙黃色，基部多瘤目，裔芽多。

鳳梨-青葉

學名： *Ananas comosus sp.*

本地種鳳梨之一，葉背披粉呈銀白色，果實小。

鳳梨-開英

學名： *Ananas comosus sp.*

外來種鳳梨，果實大、果型佳。

繡球果鳳梨

學名： *Ananas comosus sp.*

新芽紅豔，葉片翠綠，果實外型似繡球花，不長果肉，以觀賞為主，一般環境可觀賞40~50天。

紅果鳳梨

學名：*Ananas comosus* cv. *Porteans*

葉線形，青綠色，具多條深綠色條紋，越接近中肋處越密集，葉背灰綠色。果實呈松果狀，橘紅色。

斑葉食用鳳梨

學名：*Ananas comosus* cv. *variegatus*
英名：Variegated pineapple
別名：艷鳳梨
原產地：巴西、阿根廷

株高120公分，葉長60~90公分、寬3~6公分，綠葉、緣乳黃色，新葉泛紅暈。果實頂端之苞片（或謂冠芽）美麗，緣有紅刺；果實雖可食，多不食用，以觀賞為主，具觀果及觀葉性。

光葉鳳梨

學名：*Ananas lucidus*
原產地：南美洲

喜排水良好的砂質壤土，需充足間接光源，光不足葉片轉暗綠色。

◀漿果紅色，以觀賞為主

▶小花白、紫色，花苞萼片紅色

鳳梨科

Androlepis

鱗蕊鳳梨

學名：*Androlepis skinneri*

原產地：哥斯大黎加

全株酒紅色，株高與冠幅1~2公尺。葉劍形，長25~60公分，蓮座狀植株。花梗直立，披白色鱗片，夏季開花。土壤需微酸性、排水良好，夏季全日照處須遮蔭。

▶葉緣具小鋸齒

▶花苞白色，
小花黃色

Araeococcus

鞭葉多穗鳳梨

學名：*Araeococcus flagellifolius*

原產地：玻利維亞、巴西、哥倫比亞、法屬圭亞那、蘇里南、委內瑞拉

株高80~100公分，葉基部膨大呈壺形、深棕紫色，葉緣內捲具鋸齒，葉背披白色鱗毛。花梗細長下垂，粉紅色，花柄短，管狀花白色，漿果暗紫色。

◀葉線形，草綠色

Billbergia

Billbergia 屬的水塔花觀賞鳳梨，原產地多為巴西，統稱 Vase plant，莖極短，葉基互相疊生成瓶筒狀，故有此英名。葉片斜生略彎垂，緣有針刺。小花多無梗，具明顯而色美之大型苞片，花朵之觀賞期雖不長，但因葉簇生長尚整齊，或葉緣鑲色，或葉面有斑點、斑紋等，於花謝後可將花梗自基部剪除，而以觀葉為主。喜好光線充足之明亮場所，需光半日照以上，喜充足的間接光源，生長適溫 16~30℃。夏季生長旺季每 2 天澆一次水，常噴細霧水、葉片將生長更佳。介質排水需良好，過濕會造成爛根，土壤乾些無妨，但葉杯需常保持有清水。花後母株旁會發出萌蘗，用以繁殖新株是較容易的方法，生長速度遲緩。

斑馬水塔花

學名：*Billbergia brasiliensis*

植株直立，葉群圍成筒狀。葉厚革質，葉面草綠色、葉背具粗細不一之斑馬橫紋。花梗柔軟下垂，桃紅色花苞、紫色花瓣反捲，花朵外包覆著銀白色的細緻鱗毛，花蕊細長。

美味水塔花

學名：*Billbergia 'Deliciosa'*

葉長帶形，較長時會彎垂，葉身中央翠綠、葉緣及葉端紫紅色，全葉布大量白色斑點、斑塊及斑條。

米茲墨利水塔花

學名：*Billbergia 'Miz Mollie'*

　　葉背較葉面之紫紅色更鮮麗，除白色斑點外、尚有白斑條。

斑葉紅筆鳳梨

學名：*Billbergia pyramidalis 'Variegata'*
別名：火焰鳳梨

　　葉長披針形，葉面由數條青綠、乳白色交織而成，近中肋處以青綠色為主，近葉緣處以乳白色居多。葉長40~50公分、寬4~5公分。穗狀花序，苞片粉紅色，花瓣紅色，萼片粉紅色、披白色細鱗片，柱頭紫色，花期不長。類似墨西哥蜻蜓鳳梨（*Aechmea Mexicana*），但此種之葉緣近於全緣無鋸齒，其葉色美，花謝後剪除花梗仍具觀葉性。

水塔花穆里爾沃特曼

學名：*Billbergia 'Muriel Waterman'*
英名：Queen's Tears

　　株高30~40公分，葉長帶形，葉端彎曲反捲，葉寬7.5公分，葉面綠帶紫紅，具白色斑點及淺灰色條紋。葉背紅褐色，具銀灰色帶狀條紋。穗狀花序，苞片粉紅色，小花黃色，花瓣藍紫色，色彩鮮豔。

白邊水塔花

學名：*Billbergia pyramidal 'Kyoto'*

　　株高45公分，葉長帶狀，偶有乳白色斑條，葉翠綠色，葉緣乳白色，葉端微反捲。繖房花序，苞片桃紅色，花瓣紅色，萼片紅色，被白色細鱗，柱頭紫色。

水塔花拉斐爾葛拉罕

學名：*Billbergia 'Ralph Graham French'*

　　全株葉色多樣化，布紅色暈彩，葉背泛紅褐色暈彩，具灰白色斑馬紋，葉端反捲，黃綠色葉緣鋸齒狀。

水塔花

學名：*Billbergia sp.*

　　青綠葉色，分布紫紅色暈彩、及白色斑點、斑塊及斑條，葉緣細鋸齒。

水塔花龍舌蘭落日

學名：*Billbergia 'Tequilla Sunset'*

　　株高15~30公分，全株披白色鱗片，葉片反捲，葉面布不規則淺黃色斑點、偶有紅色暈彩，葉緣鋸齒。管狀花，小花黃綠色，花萼白色，苞片桃紅色，花梗橙紅色。較耐低溫。

Canistropsis

薄切爾擬心花鳳梨

學名：*Canistropsis burchelii*

　　株高60公分、幅徑40公分，全株具細小白色鱗片。葉劍形青綠色，葉背紅褐色，葉基紅褐色，葉緣鋸齒。穗狀花序，萼片酒紅色，小花白色，花期春季。半日照即可，空氣濕度須維持60%以上，生長適溫15~25℃，最低溫10℃。

Cryptanthus

原產於巴西之*Cryptanthus*屬鳳梨，英名為Star Bromeliad，整株狀似星形，故有此英名，葉片多橫向伸展，群簇性佳。葉片多短小，植株低矮，株高多不超過20公分，體型為觀葉鳳梨中較嬌小者。葉片硬挺、波浪緣，花白或淺綠色，生於葉簇群中，形成頭狀花序，而其中小花多半是不稔性的，觀花性不高，主要仍以觀葉為主。

植株體態玲瓏可愛，對環境耐性高，明亮至略遮蔭的光線均宜。喜好潤濕空氣，但根群土壤不可常呈潮濕狀，須待乾鬆後再充分澆水。母株基部或腋部發生的萌蘗可用來繁殖，待其長大便於處理時，即可剝離母株，插於蛇木、珍珠砂等排水良好介質，注意水份供給，很快就自成獨立一株。為桌上擺飾或瓶飾的最佳材料，耐寒，病蟲害不多見，初學觀賞鳳梨者可嘗試。

銀白小鳳梨

學名：*Cryptanthus acaulis* var. *argentea*
英名：Star Bromeliad
別名：銀白絨葉鳳梨

葉兩面灰綠、似被白粉，穗狀花序自植株中央抽出，短柱狀，總苞片4枚，三角形，小花白色。空氣濕度需求高，土壤須保持乾燥以免爛根。

紅葉小鳳梨

學名：*Cryptanthus acaulis* var. *ruber*
英名：Starfish plant

植株矮小，株高約5公分，幾乎看不到莖。卵披針形葉，長8~10公分、寬1.5~2公分，光線明亮處葉色紅暈明顯，暗處則轉綠色，葉背銀灰色，似披蠟質白粉，葉緣波狀、有細軟鋸齒。

絹毛姬鳳梨

學名：*Cryptanthus argyrphyllus*

　　株高15~30公分，小花白色，3瓣，花期夏末秋初。喜明亮的間接光源，介質需排水良好，耐低溫。

▼葉長橢圓形，黃綠色、密披白色鱗片

長柄小鳳梨

學名：*Cryptanthus beuckeri*

　　株高10~15公分，披白色鱗片，葉披針形，葉基鈍圓、葉端銳尖，葉深綠色、具淺綠色細緻斑點，橫走斑條若隱若現。小花白色、3瓣，花期6~8月。頗耐低溫。

▶葉柄明顯

絨葉小鳳梨

學名：*Cryptanthus bivittatus*

英名：Rose stripe star

　　株高約10公分，葉片密簇著生，幾乎無莖。披針形葉，長10~12公分、寬2~3公分，厚肉質，硬挺略彎垂，緣有細針刺、波浪明顯，葉背灰白，葉色多變化。花小，黃白色。

▶玫瑰姬鳳梨（*C. bivittatus* 'Ruby'）

▼黑紅小鳳梨

▼粉綠小鳳梨

▼紅心斑條姬鳳梨

▶白邊紅心姬鳳梨

041

紅梗綠太陽

學名：*Cryptanthus microglazion*

　　單株幅寬小於12公分，紅色主莖粗壯，直立生長，葉翠綠色，狹劍形，葉緣鋸齒色白。穗狀花序頂生，小花白色。

虎紋小鳳梨

學名：*Cryptanthus zonatus*
英名：Zebra plant

　　株高約15公分，披針形略扭曲的葉片，長20~23公分、寬3~4公分，厚肉質硬挺，緣大波浪、具刺齒，葉背似布白色鱗屑而呈銀白色。

◀紅虎紋小鳳梨

▼穗狀花序，小花白色

▶淡綠色葉面、橫向布波浪狀、粉褐淺淡的斑條

Dyckia

　　主要為地生型鳳梨，原產地多為巴西，少數在烏拉圭、巴拉圭、阿根廷、玻利維亞，生長海拔約為2000公尺。葉色多變化，葉為劍形或線形，厚革質，葉緣具尖刺，喜歡排水良好的介質及充足的間接光源，植株常簇群而生。

扇葉狄氏鳳梨

學名：*Dyckia estevesii*

　　株高可達2公尺，葉基抱莖互生，型態似扇形開展，全株披白色鱗片。葉片線形，墨綠色，葉背似布有銀斑條，葉緣具黃色堅硬鋸齒。穗狀花序，花梗自葉腋抽出，綠色細長，小花橙黃色，分散著生。

寬葉硬葉鳳梨

學名：*Dyckia platyphylla*

　　株高20公分、幅徑30公分，全株披白色鱗片。披針形葉、厚硬革質，葉面深綠色，葉緣偏紅褐色，葉背密被銀白色鱗片、布銀斑條，葉緣具白色硬直尖刺。花梗長達90公分，小花橘色。喜生長於明亮光照處，耐寒冬。

狹葉硬葉鳳梨

學名：*Dyckia beateae*

　　全株披白色鱗片，似分布銀斑條。葉披針線形，葉端漸尖，葉緣有明顯粗硬直尖刺，葉面濃綠微偏紅。小花黃色。需光半日照以上，生長旺季注意供水，介質常處於潮濕狀易爛根。

Encholirium

美葉矛百合

學名：*Encholirium horridum*

原產地：巴西

　　株高20~40公分，葉線形，葉緣具白色刺鋸齒。綠色花梗粗大直立，管狀花白色。介質排水需良好，喜半日照，耐寒。

▶葉青綠色，葉端彎曲反捲

Guzmania

　　Guzmania屬鳳梨，陸生或附生者均有，原生育地為熱帶美洲，哥斯大黎加、巴拿馬、哥倫比亞、厄瓜多爾、墨西哥等地。體型屬於中至大型，株高40~100公分。葉片多帶狀，每株葉片為數頗多，簇生於短縮莖上，仿如自根際發出。葉片硬挺、革質，葉面平滑無毛茸，全緣無刺。總花梗多無分歧，單支自葉群中央直挺而出，圓錐、穗狀或群聚似頭狀之花序。具有明顯、大型、色澤鮮艷持久的美麗總苞，觀賞期長達半年之久。小花由總苞中鑽出，小花瓣合生成管狀，子房上位，蒴果。

　　可放置戶外中度光照環境，室內宜位於明亮窗口旁，生長開花較理想，且苞片或花序之色彩較鮮麗。盆土稍潤濕即可，重點乃葉杯不可缺水，生長旺季每月施稀薄液肥一次。繁殖法可用播種、分株或母株旁新萌生的小植株分株之。

▶各花色之擎天鳳梨

紫擎天鳳梨

學名：*Guzmania* cv. *Amaranth*

　　株高60~90公分，葉長50公分、寬3~4公分。

▶總苞紫紅色

橙擎天鳳梨

學名：*Guzmania* cv. *Cherry*

▲株高70~90公分，線形綠色葉片長約60公分、寬約4公分

▲小花藏於苞片腋基內

▶總苞片橙紅色，苞片愈近葉群則漸轉綠色

黃歧花鳳梨

學名：*Guzmania dissitiflora*

　　葉長30~90公分、寬3~6公分，葉面具細緻的縱走白色斑條，葉背有鱗片狀斑點。穗狀花序　直立，抽生甚長，各自分離的管狀小花，自紅色總花梗上斜生或平出。

▶小苞片紅色，
花萼黃色

◀葉深綠色

黃花大擎天鳳梨

學名：*Guzmania 'Hilda'*
英名：Hilda Bromelia

　　株高45~60公分，穗狀花序直立，花梗長60公分。

▶苞片鮮黃色，
基部及前端常
帶綠色

▼葉線形，
深綠色

紫花小擎天鳳梨

學名：*Guzmania 'Ilse'*

　　短穗狀花序，小花黃色，苞片紫紅色，其花序較紫擎天鳳梨短。

火輪鳳梨

學名：*Guzmania lingulata* var. *magnifica*

別名：小擎天鳳梨、火冠鳳梨

　　株高約30公分，苞片紅色，小花白或黃色，花期晚春至初夏。

紫花大擎天鳳梨

學名：*Guzmania 'Luna'*

　　株高60公分、幅寬55公分，葉深綠色，光滑平展。總花序頗長，苞片紫紅色，小花淡黃色，觀花期可達數月之久，花期晚春至初夏。喜明亮的間接光源，以及排水良好的砂質壤土。

桔紅星鳳梨

學名：*Guzmania lingulata* cv. *Minor*

英名：Orange star

　　株高約75公分，葉長40~60公分、寬3~3.5公分，蘋果綠的線形葉片。密

穗狀花序色彩鮮麗，總苞片桔紅、猩紅色，星狀開展，觀賞期有數月之久。

火輪擎天鳳梨

學名：*Guzmania magnifica*

　　長線形的綠色葉片，長20~30公分、寬1~2公分，斜立或橫垂。密簇似頭狀的穗狀花序，艷紅色、披針形的總苞片，約15~20片，革質，群聚疊生狀似星塔，總花序之幅徑約15公分，觀賞期可長達半年之久，白色短圓小花埋於總苞片中。

▲總花梗短小

▼紫火輪擎天鳳梨

▶*G. lingulata* 'cordinalis'

山地銀葉鳳梨

學名：*Hechtia montana*

原產地：墨西哥

　　株高15~30公分，葉長60~90公分，葉緣鋸齒，葉長劍形，2面皆密被白色鱗片。

　　喜明亮的間接光源，介質排水需良好，缺水時葉端乾枯，耐寒。

Neoregelia

　　*Neoregelia*五彩鳳梨多為附生性植物，原產於巴西、委內瑞拉、哥倫比亞、厄瓜多爾與秘魯等地。寬線形葉片，簇生於根際，葉片平出橫布，植株多不高大，但葉群形成之幅寬頗大，葉緣疏布細小針刺，全株披白色鱗片。

　　單一花序無總梗，具短梗的小花，藍、紫或白色。常於春天綻放，多僅一夜而已，觀花性不高，但彩葉期可長達數月之久。小花瓣連生成筒狀，子房下位，漿果。

　　植株於明亮處色彩豔麗，陰暗處色彩較暗淡。斑葉種需光較高，適於放置室內朝東或南向窗口、忌北向。

　　繁殖可用分株法。栽培需注意盆土不可長期過。噴霧水於其葉面，葉片將愈發乾淨亮澤。生長旺季每月一次於土壤施追肥，亦可葉面施肥，但肥料用量須減半，稀釋後再噴布。

▲各種紅彩鳳梨

◀開花前，葉群中央總苞漸轉紅彩，十分明艷耀眼

▼植株中央葉杯
不可無水

▼狀似頭狀之花序集
生於紅色葉簇中央
之葉杯內

黑紅彩鳳梨

學名：*Neoregelia 'Black Ninja'*

　　葉色翠綠、披紅色暈彩，
葉端突尖桃紅色，中央葉色較
黑紫紅、撒布綠色斑點

細紋五彩鳳梨

學名：*Neoregelia 'Bolero'*

　　為 *'Sun King'* × *'Meyendorffii'* 之雜
交種。翠綠色葉面，具多條鐵鏽色縱向
細條紋，葉端突尖桃紅色。

大巨齒五彩鳳梨

學名：*Neoregelia carcharodon 'Giant'*

　　株高60公分，幅徑90公分。葉墨綠色，葉緣具大而堅硬的黑突刺，葉端突尖紅黑色，葉背基部偶有褐色橫紋。

彩虹巨齒五彩鳳梨

學名：*Neoregelia carcharodon 'Rainbow'*

　　株高35公分，葉面散布許多細小黑色斑點，以及暗紅色、不明顯之虎紋斑塊，於不同日照環境，葉面會出現黃、紅暈彩，葉緣具黑色硬尖刺。

紅巨齒五彩鳳梨

學名：*Neoregelia carcharodon 'Rubra'*

　　葉淺綠色，泛不同層次紅色暈彩，葉緣具紅色尖刺。

銀巨齒五彩鳳梨

學名：*Neoregelia carcharodon 'Silver'*

　　株高45公分，葉面綠、葉背淺銀灰綠，具灰白色細密橫紋，葉緣具黑色長尖刺。

虎斑巨齒五彩鳳梨

學名：*Neoregelia carcharodon 'Tiger'*

　　株高45~60公分，綠葉面具數條紅褐色虎狀斑紋，葉背虎狀斑紋較密集，葉端粉彩色，葉緣具堅硬黑刺齒。

斑葉紅心鳳梨

學名：*Neoregelia carolinae 'Tricolor'*

英名：Striped blushing bromeliad

　　株高與幅徑約50公分，植株呈蓮座狀，短葉片簇群密集而生，葉面光滑革質。綠色葉面，中央有象牙白縱走的寬幅斑帶，其間夾雜綠色細斑條。

　　植株於較明亮場所，紅暈彩更加明顯。開花前，植株心部之葉片轉紅，觀賞性頗高。

五彩鳳梨

學名：*Neoregelia carolinae*

英名：Blushing bromeliad, Nest plant

別名：彩葉鳳梨、積水鳳梨

　　株高約30公分，每株有10~20餘葉片、橫展平舖，冠幅約50公分，葉片長20~30公分、寬3~3.5公分。葉面平滑無毛、富有光澤，硬挺、革質，緣有細鋸齒。葉面銅綠色，葉背色澤較深暗，葉群中央葉片於開花前漸轉紅色，此紅色葉片亦是花序的總苞。小花紫粉或青紫色，瓣緣白，瓣心深色，常於春天開花。五彩鳳梨幾個常見品種如下：

▼紅心彩葉鳳梨
　植株中心及葉端紅色，葉片較短、深綠色

◀紅彩中斑鳳梨
　葉帶狀，綠葉中肋乳白色

▶紅彩斑紋鳳梨
　綠葉面縱布粗細不一之乳白色條紋

紫黑紅彩葉鳳梨

學名：*Neoregelia 'Carousel'*

　　葉面酒紅色、布綠斑點，葉背翠綠、泛酒紅暈彩，葉端突尖亮粉紅色，葉緣暗紅色小鋸齒。

彩紋彩葉鳳梨

學名：*Neoregelia 'Cobh'*

　　翠綠至綠色多層次、泛紅褐色暈彩之葉面，零星散布紅褐斑點、細條紋。

夢幻彩葉鳳梨

學名：*Neoregelia 'Concentrica Bullis'*

　　幅徑可達80公分，淺翠綠葉面，具潑墨般的紅褐色大小不一的亂斑，植株中心玫瑰紅紫色。

中型五彩積水鳳梨

學名：*Neoregelia 'Charm'*

　　株高30公分，幅徑50公分，綠葉面上撒布許多酒紅色斑點。

翠綠彩葉鳳梨

學名：*Neoregelia 'Concentrica'* ×
　　　　N. melanodonta

　　葉翠綠色，零星散布酒紅色小斑點，葉端、葉緣與鋸齒均為酒紅色。

珊瑚紅彩葉鳳梨

學名：*Neoregelia 'Coral Charm'*

　　葉珊瑚紅紫色，植株心部黃綠色、並散布不規則紫紅色斑點。

血紅鳳梨

學名：*Neoregelia cruenta*

　　具匍匐莖，幅徑90公分。類似翠綠彩葉鳳梨，僅葉端之半圓形紅紫色斑塊較大且明顯。葉翠綠色，葉緣紫黑色細鋸齒，葉寬7.5公分。小花紫色，花期4~6月。

鑲邊五彩鳳梨

學名：*Neoregelia carolinae* cv. *Flandria*

　　綠葉面、緣鑲乳白色斑條，泛粉暈彩。

火球鳳梨

學名：*Neoregelia 'Fire Ball'*

　　株高30公分，葉長10~15公分，小花藍色，頗耐低溫。

▶會自然繁衍擴大其族群

▲與枯木搭成的景觀

◀葉酒紅色，光照越多、葉色更加紫紅

▲光照不足時會褪為綠色

佛萊迪的誘惑五彩鳳梨

學名：*Neoregelia 'Freddie'*

　　株高45公分，綠葉之中肋處具多條黃色縱向條紋、泛紅暈彩，植株中央桃紅色。

紫端五彩鳳梨

學名：*Neoregelia 'Frend Form'*

　　翠綠葉面散布紅褐色不規則斑點，葉身近葉端漸轉酒紅色，葉端突尖桃紅色。

紫斑五彩鳳梨

學名：*Neoregelia 'Gee Whiz'*

　　葉面翠綠色，近葉端不規則散布紫褐色斑點，葉背灰綠色，葉端突尖紅色，葉緣及鋸齒黑褐色。

酒紅粉五彩鳳梨

學名：*Neoregelia 'Gee Whiz Pink'*

　　葉面綠、全葉散布酒紅色斑點，開花前葉杯處轉紅，葉端紅。

優雅五彩鳳梨

學名：*Neoregelia 'Grace'*

　　株高與幅徑約50公分，上層葉片泛螢光粉紅色，每個葉片色彩不同，變化頗多樣，有墨綠、紅褐、玫瑰紅、綠色以及斑條，葉杯部位翠綠色。

優雅深情五彩鳳梨

學名：*Neoregelia 'Grace Passion'*

　　株高40公分，葉片色彩不如優雅五彩鳳梨，較暗沉。

雜交五彩鳳梨

學名：*Neoregelia hybrid*

　　類似紫端五彩鳳梨與紫斑五彩鳳梨。

米蘭諾五彩鳳梨

學名：*Neoregelia melanodonta*

　　葉墨綠色，具不規則鐵鏽色塊斑，植株中心淺粉紫色，小花紫色。

二型葉五彩鳳梨

學名：*Neoregelia leviana*

　　葉兩型，不開花時，綠葉長帶狀，向下反折；開花時，長出三角形直立短葉，綠色泛紅粉紫。

紅紫端紅鳳梨

學名：*Neoregelia 'Mony Moods'*

　　綠葉面、酒紅色橫斑條若隱若現，近葉端轉酒紅色，葉端具桃紅色斑。

彩點鳳梨

學名：*Neoregelia 'Morado'*

株高30公分、幅徑45公分，葉青綠、緣乳白色，潑墨般的紫紅色斑點隨意撒布。

黑刺五彩鳳梨

學名：*Neoregelia 'Ninja'*

株高25公分、幅徑40公分。葉橄欖綠色，散布不規則鐵鏽色斑塊，葉緣具暗紅黑的刺齒。

長葉五彩鳳梨

學名：*Neoregelia myrmecophila*

株高15公分、幅徑30公分，具匍匐莖，易蔓生。綠色葉片特別細長，向下微彎。小花白色，花期夏季，耐低溫。

▲葉杯開口大，開花前轉橙紅色

紫彩鳳梨

學名：*Neoregelia 'Ojo Ruho'*

葉面酒紅、翠綠色交雜色斑，葉端突尖亮粉紅色。

粉彩鳳梨

學名：*Neoregelia pascoaliana*

綠葉面泛粉紫暈彩，散生暗紅色斑點，葉背具銀白色橫紋，葉緣黑色長刺。

斑紋鳳梨

學名：*Neoregelia pauciflora*

　　株高30~45公分，具匍匐莖，翠綠葉，具深綠色虎斑橫紋、以及細縱紋，頗耐低溫。

紫斑端紅鳳梨

學名：*Neoregelia × Pinkie*

　　葉酒紅色，潑墨般撒布亮綠色斑點，葉色因光強度不同而變化。

端紅鳳梨

學名：*Neoregelia spectabilis*
英名：Painted~fingernail, Fingernail plant

　　葉長30~40公分、寬3.5公分，葉面綠，葉背白粉狀、有灰色橫走的細斑紋，葉基部帶紫色，葉端鈍圓短突尖、呈紅色，為端紅鳳梨獨特之處。小花藍色，長4.5公分，於夏秋之際盛開於葉群中央。

虎紋鳳梨

學名：*Neoregelia 'Tiger Cup'*

具匍匐莖，可攀附於樹上，葉綠色，具紅褐色虎皮橫紋，葉背橫紋更明顯。

虎紋五彩鳳梨

學名：*Neoregelia 'Tigrina'*

株高15~30公分，綠葉、布紅褐色虎皮橫紋，近葉端泛紅粉紫暈色，耐低溫。

黑巨齒五彩鳳梨

學名：*Neoregelia 'Yamamoto'*

幅徑30公分，葉翠綠、偶布鐵鏽色亂斑，葉端突尖暗紅色斑，葉緣黑色長刺。

五彩鳳梨黃色國王

學名：*Neoregelia 'Yellow King'*

株高20公分、幅徑40公分，葉淺黃至黃綠色，具多條青綠色縱紋，開花時葉面會轉為粉紅色。

翠綠葉端紅鳳梨

學名：*Neoregelia 'Sun King'*

葉翠綠色，光照強時葉亮黃色，葉端紅色。

Nidularium

本屬植物型態因葉片密簇而生，狀似鳥巢，故稱為鳥巢鳳梨（Bird's nest bromeliads）。原產於巴西，多為中小型附生植物，與前所介紹的Neoregelia屬的鳳梨科植物有許多相似之處。葉緣有鋸齒。小花無柄密簇而生，小花瓣基部合生，子房下位，漿果。

喜明亮非直射光，光線直射下葉色易泛黃，卻可容忍較差的光照環境。生長適溫16~26℃，耐寒力較差，冬日溫度太低，植株會凍死，寒流來襲須移至室內溫暖處。母株旁著生的小萌蘗長大至夠硬實時，即可用來分株繁殖。

栽培需注意澆水，尤其是生長旺季（夏季），葉杯需經常有水，土壤則不可太濕，稍潤濕即可。但若增加葉面噴霧，提高空氣濕度，生長更佳。生長旺季每月土壤施肥一次，葉面使用半量液肥噴霧，使葉色亮綠。

阿塔拉亞鳥巢鳳梨

學名：*Nidularium atalaiaense*

　　株高20公分，徑45公分，植株蓮座狀。葉長披針形，黃綠色，光滑革質，葉端銳尖，葉緣鋸齒紅褐色，葉基槽狀抱莖。小花紫色。

鏽色鳥巢鳳梨

學名：*Nidularium rutilans*

　　綠葉長線形、泛布橘黃色，偶布深綠色斑，葉杯不因開花而變色。小花藍紫色。

無邪鳥巢鳳梨

學名：*Nidularium innocentii*

別名：黑紅鳳梨、鴻運當頭、巢鳳梨

　　植株附生性，全株披白色鱗片。每一株約15~20葉片，倒披針形葉長25公分，葉緣具細刺。綠葉面泛紅色暈彩，近葉基轉暗紫紅色，葉背酒紅色。

　　小花白色，開花時植株中央葉杯轉深紅色。喜溫暖濕潤、光照充足的環境，忌烈日曝曬，生長適溫 20~28℃。

鋸齒鳥巢鳳梨

學名：*Nidularium serratum*

　　葉長帶形，葉面墨綠色、中肋近葉基處帶紫色暈彩，葉背紫紅色。葉緣皺褶、具鋸齒。小花白色，開花時植株中央葉杯轉紅褐色。

Orthophytum

莪蘿鳳梨

學名：*Orthophytum foliosum*

株高10~30公分，全株披白色鱗片。穗狀花序頂生，花梗紅褐色，小花白色，花期6~8月。至少需半日照，生長旺季約3天澆水1次，介質常呈潮濕狀易爛根，生長適溫15~27℃，最低溫-7℃。

▶ 葉長披針線形，暗灰綠色

◀ 苞片三角形，抱莖、反捲

紅岩莪蘿鳳梨

學名：*Orthophytum saxicola 'Rubrum'*

全株披白色鱗片。葉披針形，青綠色，葉緣鋸齒明顯。穗狀花序，花梗自植株中心抽出，苞片三角形，開展狀，青綠至深綠色，星形環狀排列，邊緣具倒鉤狀白色硬刺，小花白色。

紅莖莪蘿鳳梨

學名：*Orthophytum vagans*

植株簇群生長，莖粗大，全株被白色鱗片。葉細長下垂，翠綠色，葉緣鋸齒。穗狀花序頂生，苞片長三角形，開花時苞片轉紅，小花白色。

Pitcairnia

白苞皮氏鳳梨

學名：*Pitcairnia sceptrigera*

原產地：厄瓜多爾

　　株高40~70公分，葉翠綠色，長帶狀披針形，易彎垂，葉背中肋明顯。穗狀花序，白色苞片抱莖反捲，管狀花黃色。喜明亮的間接光源，介質需排水良好，可使用椰子纖維、砂礫之混合物。宜於晚春初夏繁殖。

Quesnelia

　　*Quesnelia*屬鳳梨，多為中至大型附生或地生種，原產於巴西。葉緣多有細銳刺，葉片較長，葉數也較多。巨大密繖形花序，具有玫瑰粉白的苞片，可觀賞數週之久。子房下位，果實為乾質漿果。

　　耐寒性佳，生長適溫為16~30℃，室內明亮的窗邊適合擺置其盆栽，短時間於較陰暗處尚可忍耐。土壤乾些無妨，略潤濕即可，但葉杯全年均需貯水。每月土壤施肥一次，濃度減半之液肥於葉面噴布或澆於葉杯內。以母株發生的小萌蘗繁殖。

龜甲鳳梨、龜頭鳳梨

學名：*Quesnelia testudo*

英名：Turtle head bromeliad

　　中型植株，葉長30~50公分、葉寬3~4公分，寬線形葉片。葉硬革質，葉緣密生褐色細針刺，綠色葉面上有細緻的橫走銀白斑帶，葉背具銀灰色橫紋、似覆銀灰色鱗痂。穗狀花序大型，花梗粗圓，苞片厚質、粉白色。小花苞膜質、玫瑰粉紅色，密疊著生，由內伸出白帶藍紫色的小花。

Tillandsia

Tillandsia鳳梨原生育地為熱帶及亞熱帶地區，如墨西哥、薩爾瓦多、瓜地馬拉、哥倫比亞、巴西、哥斯大黎加、玻利維亞、巴拉圭、阿根廷、厄瓜多爾、宏都拉斯、秘魯、委內瑞拉、蓋亞那、蘇利南、牙買加等地。小型附生種至大型地生種，為鳳梨科中種類最多的一屬，英名為Air plant bromeliads或Tillandsia，泛稱為氣生鳳梨。多具觀賞性，更不乏著名而奇特的觀賞鳳梨，植株型態多變化，開花時植株中心部位常轉紅色。

最典型的特性就是其氣生根不具吸收水分及養分之功能，主要用於附生、著生，故可做成吊缽或在蛇木板、枯幹、岩石假山之小洞穴中，貼生成牆飾或檯面擺放，頗具裝飾變化效果。

植株多披白色鱗片，依葉色可分為2大類，銀葉系及綠葉系，銀葉系對水分的需求較少，一週僅需噴布水霧3次，適合生長於光照較強處；綠葉系則對水分的要求較高，可每天給水或噴霧，適合生長於相對較陰暗的環境。葉色可能因植株進入花期、或光照強弱而有所變化。

可於晚間供水，採噴霧方式，補肥以液肥為主，少量多次之方式噴灑。栽植環境需通風良好，避免葉杯積水，而造成植株心部腐爛。

生長適溫10~32℃，短時間5℃低溫尚可容忍。可播種繁殖，但須7年以上才開花，故多採分株繁殖以縮短時間。

阿比達

學名：*Tillandsia Albida*

全株銀白色，植株長大後莖易彎曲，葉厚質，葉端略扭曲，小花淡黃色。

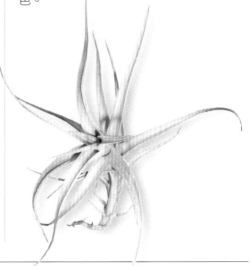

紅寶石

學名：*Tillandsia andreana*

　　幅徑約15公分，葉端向上彎曲、略呈紅色。長線形葉黃綠、銀綠色，放射狀，中心部分為球形，外觀形似海膽。管狀花橘紅色、頗碩大，自莖頂抽生，花周邊葉片略呈紅色。需高空氣濕度。

貝樂斯

學名：*Tillandsia beloensis*

　　株高25~30公分，葉細長、青綠色，環狀抱莖生長。總狀花序，管狀花紫色，苞片肉質抱莖。

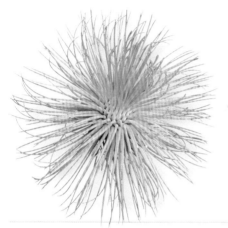

貝可利

學名：*Tillandsia brachycaulos*

　　株高18公分、幅徑25公分，葉線形、青綠色。

易長側芽，每株約長出3~5個側芽，可用來繁殖。生長緩慢。花梗自植株心部長出，管狀花紫色，每株約20朵，花朵綻放7天，花期5~6月。

▼開花時全株葉片轉紅，日照不足或日夜溫差不大時，葉片僅小部分轉紅

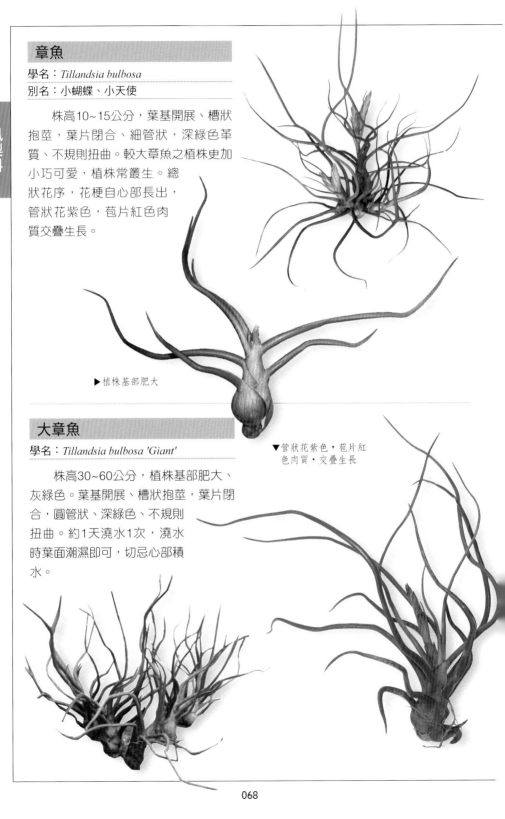

章魚

學名：*Tillandsia bulbosa*

別名：小蝴蝶、小天使

　　株高10~15公分，葉基開展、槽狀抱莖，葉片閉合、細管狀，深綠色革質、不規則扭曲。較大章魚之植株更加小巧可愛，植株常叢生。總狀花序，花梗自心部長出，管狀花紫色，苞片紅色肉質交疊生長。

▶植株基部肥大

大章魚

學名：*Tillandsia bulbosa 'Giant'*

　　株高30~60公分，植株基部肥大、灰綠色。葉基開展、槽狀抱莖，葉片閉合，圓管狀、深綠色、不規則扭曲。約1天澆水1次，澆水時葉面潮濕即可，切忌心部積水。

▼管狀花紫色，苞片紅色肉質，交疊生長

虎斑

學名：*Tillandsia butzii*

別名：小天堂

　　植株基部呈壺形，具類似虎斑之深淺交錯的橫紋。葉片閉合、細管狀，不規則扭曲，生長適溫5~30℃。

卡比它它

學名：*Tillandsia capitata 'Peach'*

　　株高10公分，幅徑15~30公分，葉基槽狀抱莖，葉青綠色、中肋凹陷。頭狀花序，管狀花深紫色，花藥黃色，苞片桃紅色，開花時葉片轉桃紅色。

銀葉小鳳梨

學名：*Tillandsia caput-medusae*

別名：女王頭、梅杜莎

◀株高僅10~40公分，單葉簇生，植株基部厚球狀

▼小型袖珍種，種於枯木、岩縫中，獨具風格，常用於室內裝飾，水分需求低

▲葉厚肉質，由葉基至頂端漸尖細、不規則扭曲狀

▶3短總狀花序，小花淡藍色，徑3~3.5公分，雄蕊突出，花期春、夏季

巨大女王頭

學名：*Tillandsia 'caput-medusae Huge'*

別名：扁女王頭

　　株高30公分以上，植株基部膨脹呈球形。展葉形態為水平互生，槽狀抱莖，也被稱為「扁女王頭」。葉近閉合、粗管狀、不規則扭曲，形似希臘神話中的蛇髮女妖美杜莎。總狀花序短，自植株心部長出，苞片桃紅、淺綠色，管狀花紫色。

香檳

學名：*Tillandsia chiapensis*

　　小型種，株高10公分、幅徑15公分，葉厚質、灰綠微泛紫，噴水後會泛紫色，葉端微捲曲。總狀花序，劍形苞片粉紅色，被白色細鱗片，管狀花紫色。

象牙玉墜子

學名：*Tillandsia circinoides*

　　植株基部膨大，葉青綠、泛銀灰色，中肋凹陷，葉基槽狀抱莖，葉端漸尖、略彎曲。短總狀花序，苞片粉紅色，管狀花紫色。

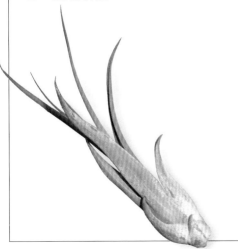

空可樂

學名：*Tillandsia concolor*

　　株高8~10公分，幅徑10~15公分，葉細長三角形，葉基較寬、葉端尖細。總狀花序，直立花苞超過葉高，苞片翠綠、邊緣紅色，相互交疊，粉紅色管狀花，花綻放時間超過1個月。

棉花糖

學名：*Tillandsia 'cotton candy'*

　　為*T. stricta × recurvifolia*之雜交種，易長側芽，線形葉片肉質內捲、中肋凹陷。穗狀花序，苞片粉紅色、環狀交疊，最底端之苞片前緣突尖，管狀花淡紫色，觀花期1個月。

創世

學名：*Tillandsia creation*

　　植株幅徑25公分，葉細長三角形、青綠色，厚革質，直出，中肋凹陷。總狀花序，苞片粉紅色、管狀花紫色。

30~35公分、寬1~1.5公分。

　　穗狀花序，花梗單立，直出或略斜立，粉紅色總苞彼此疊生成扁扇狀。花由下而上綻放青紫色、形似蝴蝶之小花，每花序約20朵，卵形花瓣3片，冠徑約3公分，總苞可欣賞數月之久。

紫花鳳梨

學名：*Tillandsia cyanea*
英名：Pink quill

　　株高不足30公分，葉片窄線形，葉厚肉質，中肋凹陷呈槽狀，葉基帶紫褐暈彩、葉背泛紫褐色，向外彎垂，長

蔓性氣生鳳梨

學名：*Tillandsia duratii Hybrid*

　　植株呈蔓性生長，可形成多個分枝，全株披白色鱗片。

噴泉

學名：*Tillandsia exserta*

　　株高25公分，葉線形，向下彎曲，如水池中湧出的噴泉，葉過長時會扭曲，葉面具紅色暈彩。穗狀花序，花苞紅色，管狀花紫色。

樹猴

學名：*Tillandsia duratii*

　　株高60~100公分、幅徑40公分，線形、黃灰綠葉片，肉質內凹。除上方有幾片葉直出外，餘皆下垂捲曲。圓錐花序，長達1公尺，花白、紫色，具淡淡香味，可耐低溫。

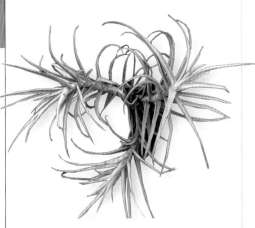

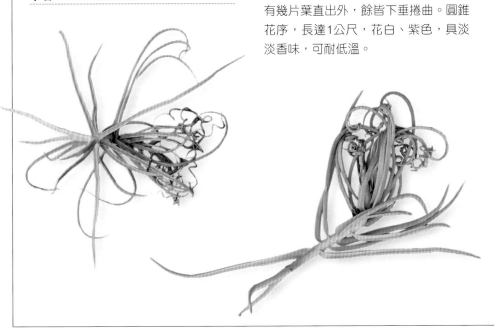

小白毛

學名：*Tillandsia fuchsii*

　　植株心部圓球狀，葉片細管狀，葉端不規則扭曲。穗狀花序，花梗直立細長，苞片粉紅色，管狀花紫色，雄蕊凸出，花藥黃色。

迷你型小精靈

學名：*Tillandsia ionantha 'Clump'*

別名：多芽小精靈

　　葉長三角形彎拱狀，青綠色、厚肉質，側芽叢生、群簇生長。

德魯伊

學名：*Tillandsia ionantha 'Druid'*

　　葉青綠至深灰綠色、彎拱狀。開花時，中央葉片轉黃色，但光線不足黃色較不明顯。花期秋季，管狀花白色，亦稱白花小精靈，花後植株停止生長。

福果小精靈

學名：*Tillandsia ionantha 'fuego'*

別名：火焰小精靈

　　株高12公分，開花前植株中心葉片轉紅，開花時全株轉大紅，管狀花紫色，易生側芽。

◀ 植株型態不一，收束或開展，葉色多變化，綠、紅或淡黃色

▶ 可做為桌上的裝飾

◀ 全株披白色鱗片，植株下部鱗片尤其明顯

墨西哥小精靈

學名：*Tillandsia ionantha 'Mexico'*

　　開花時非常搶眼，株高10公分，葉青綠色。管狀花紫色，花期需給予強光，搭配日夜溫差大，全株將轉紅色，花期秋冬季。

兵球小精靈

學名：*Tillandsia ionantha 'Planchon'*

　　植株基部肥大如球，葉肉質、青綠色，葉端偏紅。管狀花紫色，開花時植株心部轉紅，易生側芽，可用來分株。

半紅小精靈

學名：*Tillandsia ionantha 'rubra'*

　　株高10公分，植株基部肥大，葉端偏紅。花期日夜溫差大，再給予強光，全株轉紅，管狀花紫色，花藥黃色，花期秋冬季。

長莖小精靈

學名：*Tillandsia ionantha 'Vanhyingii'*

　　主莖較長，全株呈帶狀生長。開花前，葉端轉紅，管狀花紫色。

斑馬小精靈

學名：*Tillandsia ionantha 'Zebrian'*

　　株高7公分、幅徑10公分，葉肉質細長、青綠色，葉基較寬大。幼株密披白色鱗片，成株則部分鱗片剝落，呈現斑馬紋路。開花時植株中心葉片轉紅，管狀花紫色，大而明顯，花藥黃色。

多彩小精靈

學名：*Tillandsia jalisco 'monticola'*

　　花序具1~3個主苞片，小花紫色，苞片黃、橙、紅色等多樣色彩，由蜂鳥授粉。

科比

學名：*Tillandsia kolbii*

別名：卡博士

　　原為小精靈系列一員（*T. ionantha var. scaposa*），後獨立為一新品種，株高12公分。管狀花粉紫色，苞片桃紅色，開花時植株中心轉紅，花期10天。

長莖型毒藥

學名：*Tillandsia latifolia 'Graffitii'*

　　幅徑35公分，葉橄欖綠色，水平直出。花苞粉橘、小花粉紫色，開花時會散發濃郁香氣。

長苞空氣鳳梨

學名：*Tillandsia lindenii*
英名：Air plant

穗狀花序，苞片粉紫、紅、橘黃、橘紅色等，相互交疊呈扇狀。小花藍、淡紫色，花瓣3枚，柱頭白色，花藥黃色。蒴果，種子具羽狀冠毛。易長側芽，以分芽繁殖為主。

大白毛

學名：*Tillandsia magnusiana*

葉長線形，過長時葉端會捲曲。管狀花紫色，低於葉高，花期春、秋季。易長側芽，生長適溫15~25℃，溫度越高需光越少。

魯肉

學名：*Tillandsia novakii*

大型種，株高超過50公分、幅徑超過60公分，葉厚革質，葉端不規則扭曲，葉片草綠色，日照充足時轉紅色。花梗長30公分，桃紅色，多分歧，約3~6支劍形苞片。

波麗斯他亞

學名：*Tillandsia polystachia*

葉翠綠色，過長時葉端自然下垂，管狀花紫色。

大天堂

學名：*Tillandsia 'pseudo baileyi'*

株高20公分、幅徑25公分，植株基部膨大如瓶狀，線形葉閉合內捲、扭曲，具銀白色縱紋。管狀花紫色，苞片綠、紅色。

開羅斯

學名：*Tillandsia 'Queroensis'*

長莖型空氣鳳梨，長可達1公尺，葉色翠綠、線形，弧狀彎曲。

琥珀

學名：*Tillandsia 'Schiedeana'*

株高10~15公分，葉片細長線形，葉端略扭曲。花梗細長直立，苞片橘紅色、劍形，管狀花黃色。

犀牛角

學名：*Tillandsia seleriana*

株高20公分，植株形似犀牛角而得名。莖基部膨大呈壺狀，葉灰綠色、閉合圓錐狀，種植時斜擺較佳。花梗及苞片粉紅色，紫色管狀花，花藥黃色。

慧星

學名：*Tillandsia straminea*

　　大型種，株高60公分。葉線形細長、灰綠色，葉端扭曲彎垂。

電捲燙

學名：*Tillandsia streptophylla*

　　葉長三角形、青綠色，水分多時生長較快，葉片較不扭曲，水分少時明顯扭曲。

多國花

學名：*Tillandsia stricta*

　　葉線形，易長側芽。苞片紫紅色，花色隨時間由淺紫轉藍紫，花期1個月。

硬葉多國花

學名：*Tillandsia stricta* var. *bak*

　　葉線形，革質，向下彎曲，長15公分。種名*Stricta* 為拉長之意，開花時花梗抽出，仿佛與植株一併拉長。花苞象牙白、粉紅色，花色由藍紫轉桃紅、粉紅。生長適溫15~30℃。

三色花

學名：*Tillandsia tricolor* var. *melanocrater*

　　株高15公分、幅徑10公分。花梗紅色，苞片紅色，管狀花深紫色。

雞毛撢子

學名：*Tillandsia tectorhm*

英名：tectorum bush

　　株高25~30公分、幅徑30公分，葉淡綠色，細軟線形，葉端扭曲彎垂。苞片粉紅色，管狀花紫色。喜明亮、低濕度環境，濕度過高時鱗片較不生長，觀賞性較低。

松蘿鳳梨

學名：*Tillandsia usneoides*

英名：Spanish moss, Graybeard

原產地：美國東南至阿根廷與智利

　　常著生於樹上，一群群銀灰、線狀物，長可達6公尺。這群銀灰的細線，其實是它的莖，並有分支。花細小，淡綠或藍色，單生於葉腋。

飛牛蒂娜

學名：*Tillandsia velutina 'Multiflora'*

　　株高12公分、幅徑17公分，開花時植株中央葉片轉紅，葉色漸層變化。苞片粉紅色，管狀花紫色。

斑葉霸王鳳梨

學名：*Tillandsia xerographica 'Variegata'*

　　葉片寬窄不一、葉基圈彎，灰綠葉面有綠斑塊。花梗淡粉色，苞片橙、黃色，管狀花白色，色彩多層次。

扭葉鳳梨

學名：*Tillandsia xerographica*

別名：霸王鳳梨

　　細長葉片，葉端漸尖細、扭曲彎轉，甚至彼此纏繞，葉色銀灰白。

　　複穗狀花序直立性，初時全體與葉色同為銀灰白，並有細長銀白總苞；而後橙、紅、黃等色彩相繼顯色而益發鮮麗。

Vriesea

*Vriesea*屬的觀賞鳳梨，英名為Flaming sword, Painted feather, Sword plant。多為中型附生或大型地生型，原產於熱帶美洲地區、巴西、哥斯大黎加、委內瑞拉、哥倫比亞、厄瓜多爾等。

葉面多平滑，葉緣多無刺，硬革質，葉色常具斑紋而具有觀葉性。花常呈扁穗狀，單支或分歧，具有大型、耀眼的總苞，而成為主要的觀賞部位，觀花期可達月餘之久。小花短筒狀，黃或綠色，花瓣合生或離生，子房上位，蒴果。

喜溫暖（19~27℃）、空氣流通、非直射光之較明亮環境。土壤不可過濕，待乾鬆後再充份供水。葉面可經常噴水霧，澆灌以雨水或蒸餾水為佳，葉杯需經常貯水。

種子繁殖需10至15年才開花，因此多用母株旁的小萌蘗分株繁殖，長高至10~15公分，用手扭下另植之，2至3年後開花。

大鶯歌鳳梨、大鸚鵡鳳梨

學名：*Vriesea 'Barbara'*

株高50公分、幅徑30公分，耐低溫。花序較圓厚、總梗紅色，長可達1公尺，苞片紅色，革質，花期春夏季。

黃鶯歌鳳梨

學名：*Vriesea 'Charlotte'*

株高30公分、幅徑45公分。花序多分歧，花梗紅色，苞片黃色、基部泛紅，管狀花黃色，花期4個月。

紅玉扇鳳梨

學名：*Vriesea 'Christiane', V. 'Tiffany'*

　　扁平花序之總花梗紅色，苞片大紅色，管狀花黃色，花期4個月。

橙紅鸚鵡鳳梨

學名：*Vriesea Draco*

　　花序總花梗橙色，苞片橙色、上部黃色，多分歧，管狀花白色，花期4個月。

紅羽鳳梨、紅劍鳳梨

學名：*Vriesea 'erecta'*
英名：Red feather

　　扁平穗狀花序、密龍骨狀，花苞深紫紅色，小花黃色。

紫黑橫紋鳳梨、鶯歌積水鳳梨

學名：*Vriesea fosteriana 'Red Chestnut'*

　　株高50~100公分、幅徑1.2公尺，綠葉布大量紅褐色橫斑。生長緩慢，可耐低溫。

紫紅橫紋鳳梨、鶯歌積水鳳梨

學名：*Vriesca fosteriana* var. *seideliana*

　　株高30公分，類似*V. fosteriana 'Red Chestnut'*，但植株中央葉色較紅紫。

縱紋鳳梨

學名：*Vriesea gigantean 'Nova'*

　　株高60~80公分、幅徑可達1公尺，葉面具青綠、翠綠之縱斑條與斑塊，巨大花梗高達2公尺，管狀花黃色。

紫黑橫紋鳳梨

學名：*Vriesea hieroglyphica*

　　株高60公分、幅徑90公分，葉翠綠色，寬8公分，具深綠色橫紋，可耐低溫。巨大花梗與苞片均為綠色，小花白色。

黃花鶯歌鳳梨

學名：*Vriesea ospinae*

　　株高40~50公分、幅徑30公分，葉軟質、略下垂，葉面似透光般、具不明顯淺虎紋，光照充足時斑紋較明顯，葉背基部之紋路偏紅色。生長速度快，易長側芽。

▼穗狀花序之花梗、苞片皆亮黃色，管狀花白色

韋伯鶯歌鳳梨

學名：*Vriesea weberi*

穗狀花序，苞片桃紅色，互生排列呈平面狀，管狀花黃色。

中斑大鸚鵡鳳梨

學名：*Vriesea 'White Line'*

別名：斑葉波羅鳳梨、斑葉火炬鳳梨、斑葉波爾曼鳳梨

葉深綠色，中肋具數條乳白色條紋，花序之總花梗紅紫色，苞片深紅色。

Werauhia

紅葉沃氏鳳梨

學名：*Werauhia sanguinolenta*

原產地：尼加拉瓜、哥斯大黎加、巴拿馬至哥倫比亞、委內瑞拉、秘魯、玻利維亞

葉線形，幼株葉片較細長，成株較寬短，青綠色，光滑革質，披紅色暈彩，葉背暗紅色。總狀花序，苞片綠色，小花白色。喜溫暖明亮環境，介質排水需良好，葉杯需保持積水。

翠玲瓏、舖地錦竹草

學名：*Callisia repens, Tradescantia minima*

英名：Miniature turtle vine

　　蔓性多年生草本植物，生長快速，枝條肉質柔軟，可伸長1公尺餘。葉面光澤、臘質，翠綠色，葉緣及葉鞘處有細短白柔毛。花極小，腋生，具3萼片與3小型白色花瓣。莖節處易生根，採枝條扦插易成活。耐陰性良好，適合無直射光處，為一理想之室內小型細緻吊缽植物。若於強光處，葉片變小，葉色轉黃綠或泛紫，葉面偶爾出現紫色小斑點，且較易開花，株型醜化。當枝葉枯垂萎死時需施予強剪，剪去地面老化枝條，自莖基會再發出新枝葉。

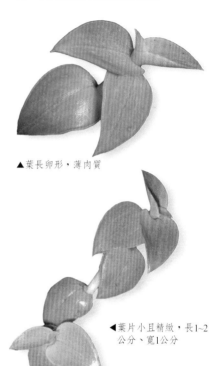

▲葉長卵形，薄肉質

◀葉片小且精緻，長1~2公分、寬1公分

▲適合做地被

▼於陰暗立面植生牆表現良好

Cochliostema

著生鴨跖草

學名：*Cochliostema odoratissimum*
原產地：中美及南美洲西部

　　大型蓮座型植株，葉基桶狀用以儲存雨水，並藉葉表毛狀體吸收桶內水分，以應付乾旱環境。葉片帶狀，長120公分、寬5~8公分。喜散射陽光、潮濕環境，土壤需排水良好，可種於庭園陰暗處，定期施肥可維持葉色翠綠。

▲花苞淡紫白色，萼片紫丁香色，花瓣淡藍色

▲葉面翠綠、具紫色細鑲邊

▼纓形花序，花序梗長30公分，小花具香味

▲外型頗類似鳳梨，花自葉基抽出

Commelina

鴨跖草

學名：*Commelina communis*
　　　C. polygama

英名：Creeping Dayflower, Spreading
　　　Dayflower, Dayflower Spreading

別名：竹節草、藍花菜、雞舌草、碧竹
　　　草、藍姑草、淡竹葉菜、水竹子

▲花藍色3瓣

　　株高20~40公分，莖肉質，葉面光滑無毛，全緣。喜溫暖潮濕、略蔭蔽的環境，忌乾燥，生長適溫15~30℃。聚繖花序頂生，花期春至夏季。蒴果暗褐色，呈3稜狀。

▲單葉互生，
葉披針形

▲一年生匍匐
性草本植物

Geogenanthus

銀波草

學名：*Geogenanthus undatus*

英名：Seersucker plant

原產地：秘魯

　　簇生型植株，株高僅10~15公分，葉闊卵形、薄肉質、硬挺，暗綠色葉面具金屬光澤，布銀灰色平行葉脈走向的斑條。葉面如波浪般凹凸有緻、銀光閃閃，故名之。葉背、葉柄與葉鞘均泛酒紅色。繁殖多以分株或頂芽扦插為主，

耐陰性強，忌強烈直射日照，性喜高溫、多濕，生長適溫22~28℃，越冬溫度須15℃以上，每年只要安然度過嚴冬，其他季節培育較無問題。

Gibasis

新娘草

學名：*Gibasis geniculate*
　　　Tradescantia multiflora
　　　Tripogandra multiflora

英名：*Tahitian bridal veil*

原產地：熱帶美洲

　　多年生草質蔓性植物，自由分枝，莖枝紫紅色，莖節處易著生不定根，枝條纖細、優美軟垂狀，為吊缽好材料。

　　小型之卵披針形葉片，葉長僅2公分，互生，葉色濃綠，葉面平滑且富有光澤，葉背紫紅色。充足日照下，於夏季綻放許多精緻小巧的白花，3瓣、3萼。

　　生長適溫10~18℃，略耐乾旱，盆栽時可待表土2.5公分內都乾鬆時再徹底澆水，摘芯可促進分枝。播種或扦插繁殖。

▲小白花點綴於枝葉間，如一含羞罩著面紗的新娘嬌嫩可人

Palisota

紅果鴨跖草

學名：*Palisota bracteosa*

　　蓮座型植株，葉自地出，單葉叢生，短縮莖，葉柄長呈彎拱狀，柄面具凹槽。寬披針形綠色葉片，全緣波浪狀，中肋淺凹。總狀花序，小花於葉基叢生。

▶紅色漿果具觀賞性

▼熟果紅艷

Siderasis

絨氈草

學名：*Siderasis fuscata*
英名：Brown spiderwort
原產地：巴西

　　具短縮莖之簇生狀植株，葉片近地表發出，植株低矮，株高僅10餘公分。橢圓形葉，薄肉質，全緣，葉兩面均密生赤色毛茸，葉緣紅紫色細鑲邊，葉端鈍而略有小突尖，葉背紫紅色，葉群中央之新生嫩葉較紅彩。葉片放射狀平展而出，橄欖綠葉面上偶布不明顯之縱走暗色斑條，葉長15公分、寬7公分。

　　自葉基冒出鮮紫色之小花，花冠徑2.5~3公分，著生於短小布毛茸的花梗上。繁殖多用分株法，亦可播種或扦插。

　　較不耐寒，冬日氣溫16℃以下生長停頓，需移置較暖和場所。不需直射強光，室內明亮窗口、半陰處均適合。澆水不可過於殷勤，盆土略乾鬆後再補充水份即可，濕潮土壤易造成葉片軟垂。

▼中肋之銀灰白斑條顯眼而突出

Tradescantia（*Zebrina*）

　　原產自加拿大南部、阿根廷北部、墨西哥、南非、巴西等地。多年生草本，莖枝初呈直立生長，抽長後因莖枝柔軟而自然下垂、或呈匍匐之蔓性植物，莖節處接觸土壤即著根，為良好的地被材料，或種於吊缽中供觀賞。葉多披針形、互生，花有白、粉紅、紫、藍色等，3花瓣、3萼片，6雄蕊，花絲白色被毛。蒴果球形，成熟3裂，6種子。

　　耐陰性佳，生長相當快速，老葉易枯捲而掉落，造成莖枝下部空禿缺葉而醜陋，可強剪或重新扦插，以重現新姿態。生長旺期可常摘芯，以促進分枝發生。因生長快速，較容易老化，每年均需更新。

小蚌蘭分株繁殖

小植株自母株撥離另植

銀線水竹草水栽

1 剪一段健康枝條

2 枝條插入水中部分需除葉

3 自節處發根

吊竹草扦插繁殖

1 剪取莖梢或側枝5~8公分長做插穗,並自枝節處摘除下葉

2 採用3吋盆缽,沿緣挖4~6個洞以便埋入插穗

3 插穗直立埋入,盆缽充分澆水、並噴霧水於葉片後,壓實插穗周邊土壤

4 覆蓋透明塑膠布,並移置陰暗處

5 生長旺季約一星期即可能生根,輕輕取出已發新葉之帶土插穗

6 定植於盆缽

7 注意供水,仍放置於較陰暗處數星期,穩定其生長

綠草水竹草、綠錦草、巴西水竹葉

學名：*Tradescantia fluminensis*
　　　T. albiflora

英名：Green wandering Jew
　　　Flowering inch plant

　　株高60公分，莖枝節間短；單葉互生，葉片寬卵至長橢圓形。葉端銳尖，中肋凹陷，葉背淺綠色。葉紙質，長1.5~12公分、寬1~3.5公分。小花白色、徑2公分，花期夏、秋季。土壤需保持濕潤、排水良好，忌陽光直射，不耐寒，生長適溫16~24℃。多扦插繁殖。

黃葉水竹草

學名：*Tradescantia fluminensis* 'Rim'

　　葉卵披針形，長4公分、寬1.8公分，黃綠色，中肋凹陷，節間短，莖枝亦為黃綠色，小花白色。

三色水竹草

學名：*Tradescantia fluminensis* 'Tricolor'

　　葉短披針形，長4~6公分、寬2~2.5公分，兩面均被毛，扦插繁殖易生根，喜溫暖、潮濕環境，生長適溫12~25℃。

▲繖形花序，小花白色，花期長

▼綠葉具數條淺粉紅色之縱斑紋

▶漂亮的室內盆栽

花葉水竹草、斑葉水竹草

學名：*Tradescantia fluminensis 'Variegata'*

英名：Variegated wandering jew

　　較小型之鮮綠色、闊披針形葉，葉長3~4公分、寬1~1.5公分，似銀線水竹草，但葉片較不透明，每片葉色不同，葉基及葉鞘處披細毛。喜半陰、多濕環境，土壤需疏鬆排水良好，若積水會導致莖葉水爛，缺水乾燥時葉緣易捲縮。天乾氣燥時，於葉面噴細霧水將生長較好，適吊缽或地被鋪植。多以分株或扦插繁殖，病蟲害不多。

▼葉面上有粗、細不等之乳白、淺黃色斑條

▼鮮綠色肉質莖枝較硬挺

▶葉片2列狀

重扇

學名：*Tradescantia navicularis*
　　　Callisia navicularis

英名：Chain Plant

　　莖匍匐生長，嫩莖綠色、老莖布紫褐色細條紋。光線不足時，莖枝抽長而軟垂，觀賞性較差。單葉互生，披針形葉，長2~3公分、寬1公分，夏季葉片因儲水而肥厚呈綠色，冬季休眠期葉片扁縮、轉紅褐色。繖形花序自莖頂抽生，花淺紫紅色，心型3花瓣，花徑1.5~2公分，雄蕊基部有毛狀附屬物，花藥黃色，花期夏季，陽光下花期僅半天，陰天則可維持1天。

▼葉片由中肋處向內呈V字型彎摺

▶葉片排列如疊瓦，頂梢葉片密疊著生明顯

彩葉蚌蘭

學名：*Tradescantia spathacea 'Sitara'*
　　　T. spathacea 'Hawaiian Dwarf'
　　　T. bermudensis 'Variegata'
　　　Rhoeo spathacea 'Variegata'

英名：Variegated oyster plant

別名：彩虹蚌蘭、斑葉蚌蘭、紫錦蘭

　　葉緣常泛紫，葉背紫色，具白色絨毛。花柄短，花苞內具數朵白色小花，萼片紫紅色、長披針形，花瓣倒卵形。

◀葉面淺綠至深綠，夾雜乳白色縱紋

▲花腋生，具蚌殼狀苞片

▲植株類似小蚌蘭，僅葉色更加多彩而美麗

◀常會長出全綠的枝葉，若不及早摘除，全株都會轉為綠色

紫邊小蚌蘭

學名：*Tradescantia spathacea 'Variegata'*

　　葉面深綠，偶有細白、粉紅色縱紋，葉緣與葉背紫紅色。

斑馬草、吊竹草、斑葉鴨跖草、紫葉水竹草

學名：*Tradescantia zebrine*
　　　T. zebrina 'Purpusii'
　　　T. fluminensis 'Purple'
　　　T. pendula
　　　Zebrina pendula, Z. purpusii
　　　Z. pendula var. *quadrifolia*

英名：Silver wandering jew
　　　Red wandering jew
　　　Bronze wandering jew
　　　Wandering Jew zebrina

多年生、常綠、蔓性草本植物，莖枝略粗圓、肉質，長卵形葉互生，葉端銳尖，葉基鈍，葉長5~7公分、寬3~4公分，葉面平滑且帶有光澤，薄肉質，葉背紫紅色。小花紫紅色，小巧而細緻。

耐寒力不佳，冬日12℃以下需減少澆水，濕冷易受寒害。可接受全陽的直射日照，亦可耐半陰，夏天高熱時宜於樹蔭下較佳。繁殖多採枝條扦插，或剪枝條插在水中，亦可長根維生。太陰暗處生長軟弱，易徒長且葉色黯淡，銀灰斑條較不亮麗。以散射光之明亮處葉色較具觀賞性。每年3~10月生長旺季需補肥，但施肥過多，葉色亦會褪色；若葉片出現褐斑或枯捲，可能受寒害或缺水等引起。病蟲害不多見，留意介殼蟲、紅蜘蛛等為害。

▲銀灰白色，但中肋呈縱走之紫紅色寬斑帶，沿緣亦鑲有紫紅色細斑邊

▲於陽光充沛處，葉片因強光而泛暗紫褐色

▲莖枝柔弱，多分枝，葉無柄，常植為吊盆

▼型塑色彩豐富的地被

金線蚌蘭、黃紋紫背萬年青、線蚌蘭

學名：*Tradescantia spathacea 'Vittata'*

　　株高30公分、幅徑30公分，莖直立叢生，肉質易脆，葉長橢圓形，葉面深綠略帶紫色、葉背紫紅色，葉基具鞘抱莖而生。需遮陰，喜濕潤、排水良好、偏酸性之土壤。

▲花腋生，小白花自蚌殼狀苞片發出

▶葉面金黃色縱紋平行之葉脈

▼葉背紫紅

Tripogandra

　　多年生草本植物，原產地為溫暖的北美及南美，蔓性莖。小型葉片互生，花成對，白或粉紅色，花萼、花瓣各3，子房3室，每室有1~2粒胚珠，蒴果。

怡心草

學名：*Tripogandra cordifolia*

　　莖蔓性，枝條柔軟下垂，葉卵圓形，密簇著生。葉片細小，葉面徑不及1公分，綠色葉、或帶紫褐暈彩，葉片形似舖地錦竹草，2者均為小型葉片，但舖地錦竹草之葉端較銳尖。耐陰且好濕，以扦插或播種繁殖為主，除可作吊缽供觀賞外，亦適合地被舖植。

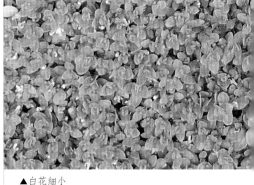

▲白花細小
▼葉端較圓鈍

彩虹怡心草、斑葉怡心草、錦怡心草

學名：*Tripogandra cordifolia 'Tricolor'*

英名：Variegated Inch Plant
　　　Bolivian Jew 'Variegata'

幼葉多呈白、粉紅或紅色，老葉轉墨綠色，偶具寬窄不一之白色縱紋。兩性花，聚繖花序頂生，小花白色。蒴果，熟時開裂，種子具稜。

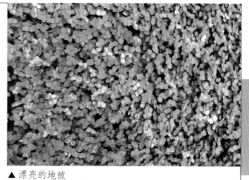

▲ 漂亮的地被

▶ 葉色多彩

▲ 彩葉

黃金怡心草

學名：*Tripogandra cordifolia 'Golden'*

莖肉質、紅褐色，側芽多，分枝性佳，葉近圓形，強光下葉色較金黃，給水多時葉面較光滑，葉色較突顯。

▲枝紫紅色

◀葉色黃綠至金黃，泛淺紅色暈彩

105

苦苣苔科
Gesneriaceae

　多分布於熱帶地區，單葉多對生，植株多附生毛茸，直立型或簇生型。花單立或聚繖、圓錐花序，花萼花冠均4~5裂，雄蕊2~5枚，漿果或蒴果。以其細小種子播種，或分株、扦插、葉插等方法繁殖。栽培時須瞭解有些種類於秋末入冬後，可能因氣溫驟降而進入休眠期，地上部枝葉逐漸枯萎掉落，但並非死亡，至翌春天氣溫暖後，澆水就會重展新姿，只是休眠期間因停止生長，也無須再施肥、或給予過多水分。

　性喜溫暖，耐寒力不佳，喜潮濕空氣；光線忌全日直射之強烈日照，其中有些會綻放漂亮花朵而具有賞花性，為求開花良好，須提供無直射光之較明亮環境。土壤宜疏鬆、排水通氣良好，建議配方如1份良質田土，1份保水性佳之介質，如水苔或泥炭土；以及1份排水良好的砂或珍珠砂，攪拌均勻使用，其中具球根者，土壤排水更需良好。生長旺季須注意澆水，土壤保持微濕潤狀，植物將生長佳良。適於盆栽，放置室內供觀賞，株型多不大，其中不乏會綻放美麗花朵的賞花性植物，或葉色漂亮的彩葉植物。

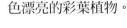

Achimenes

　　長筒花屬植物英名泛稱Magic flowers，多年生草本，原產地為熱帶美洲，牙買加、墨西哥至巴拿馬等。花序及葉腋會產生小型之鱗片狀吸芽，可用以繁殖，為其特殊之處。地上莖枝易軟垂而呈蔓灌狀。單葉對生或輪生，成對葉片大小多相同、偶爾差異明顯。軟紙質葉，卵至長卵形，葉端銳尖，鋸齒緣，葉面濃綠富毛茸。花單立、成對而生，或短聚繖花序腋生，蒴果。以其地下部根莖、吸芽，或枝條扦插、播種繁殖。

　　栽培用土需疏鬆，培養土可混加粗質的珍珠砂或蛭石。注意供水，根莖初植期間，因土壤溫暖潤濕而開始萌芽，生長活躍後，一旦忘記供水，造成土壤完全乾鬆達一日之久，可能再重回休眠狀、甚至死亡。好溫暖（16~26℃），較冷涼時易因溫度驟降而受害，高溫30℃以上易造成芽盲，導致芽生長停頓甚至死亡。光線以半陰為佳，1000~3000呎燭光為宜，於濕潤環境亦可忍受150呎燭光之低光環境；若採用人工照光，則須注意勿離燈泡太近，尤其是發熱型的白熱燈，可能烤傷植物。喜高空氣濕度。

栽培注意事項

　　生育初期需施澆稀薄肥料，以含氮量高者較佳，芽冒出後再施加含磷肥料。待莖枝長達15公分時，可施予一次強剪，以促進莖枝生長粗壯、且可增加分支。剪下枝梢用來扦插，生根容易，甚至與母株同時開花。

　　培育得當於早夏就會開花直至秋季，9月莖枝下部葉片漸乾枯掉落，葉腋部位長出的吸芽，可摘下貯存，待來春再種，吸芽為營養繁殖體，與其地下根莖均會萌芽長成植株，因個體較小需肥培一段時間。

　　秋末冬初，植物進入休眠期時，可停止供水施肥，此時植株型態多不佳，將其地上部殘存枝葉剪除後，盆缽、土壤與其地下部一併移置溫暖（至少15℃）、避風之乾爽處。亦可將其地下根莖挖出，細心清除盆土，放入塑膠袋中，並摻入乾爽的珍珠砂或蛭石，保存至翌年4月再取出來種。種植時，根莖採橫舖方式，於4吋盆內平均放入3~5個根莖，5吋盆則可放5~6個。覆土厚度約1.3公分，而後注意澆水，就會冒芽生長。

　　其根莖狀似鱗片，每一鱗片狀物亦可萌芽生長，只是愈小型者，初期生長活力較差，需肥培較久。花冠徑1~8公分，株高多10~30公分、或50公分，適合室內南向窗邊。培育得當可年年開花供觀賞。適合缽植，採吊缽方式，可使其長軟莖枝自然下垂。自1840年雜交育種至今，品種頗多，花色有白、粉、紅、藍、紫或雜斑、混色。

苦苣苔科

長筒花

學名：*Achimenes sp.*

英名：Monkey-faced pansy
Orchid pansy
Japanese pansy
Cupid's-bower
Mother's-tears
Window's-tears
Nut orchid
Magic flower
Kimono plant

莖枝柔軟，具蔓性特徵，葉片紙質披毛，花腋生，花冠與花萼均5裂，4雄蕊，花絲離生而粘連於花冠筒基部，4花藥於頂端聯合成4方形。

◀葉面深綠、
葉背紫紅色

▶花筒細長

Aeschynanthus

　　口紅花屬植物原產地為喜馬拉雅山至婆羅洲、新幾內亞。原棲息地常見它們以附生性蔓藤、或矮小植株貼附樹木懸垂而下，一旦莖枝抽長，就會找尋著根處，持續於其周邊蔓延其植株。葉柄多短小，單葉對生，花朵觀賞性高，莖枝下垂之蔓性者，可採吊缽方式，以展現其花、葉特色。土壤需排水良好，夏季需大量供水，陽光不可直射，冬溫可耐至13℃。

◀斑葉口紅花之枝條及
葉柄紫紅色，綠葉面
具不規則白色斑塊

毛萼口紅花

學名：*Aeschynanthus lobbianus*
　　　　A. radicans

英名：Lipstick plant

　　種植普遍而頗受歡迎，臺灣地區於民國59年由日本引進後，花市常見販售。多年生、常綠之蔓性植物，枝條自然向下懸垂。葉長卵形、全緣、肉革質，葉基鈍圓、葉端銳尖；長4公分、寬2.5公分，具0.5公分短柄。新葉淺嫩綠、明顯披毛；老葉轉濃綠、光滑而硬挺，葉片因強光照射而泛紅褐或紫褐色。老枝條木質化、常轉紫褐色。下垂枝條先端著花，短總狀花序或叢生。首先形成筒狀、密布毛茸之暗紫紅色花萼筒；開花時，萼筒抽長約2公分時，其內漸漸鑽出花朵，花長5公分，冠喉處帶乳黃色，1雌蕊4雄蕊，每2雄蕊於花藥處癒合。

　　晚冬初春時強剪，以促進新枝條發生，較有利於開花，剪下枝條正好用來扦插。繁殖多用枝條扦插法，成活率尚佳。採取10~15公分長、帶1~2對葉片之插穗，一半埋入潤濕介質中，噴細霧水後覆蓋透明塑膠布，約1個月生根長新葉。生長適溫21~26℃，稍可耐寒。適合臺灣平地氣候，病蟲害不多見，適於一般人士栽種。雖耐暑熱，但酷熱、空氣又不流通之鬱悶環境，易生長不良。不需直射陽光，明亮的間接光場所，葉色佳且開花容易。光線強弱可由其葉形、葉色來驗查，光強時葉色泛紅褐，光弱則葉片大而稍薄、色綠，枝條徒長軟弱狀。植株頗耐乾旱，較少因缺水而導致植物枯亡，卻可能因供水過勤，或土壤排水不良，水分淤積盆土內，而導致根群水腐爛死，供水不均則易引起落葉。

▶筒狀唇形花冠紅橙鮮艷

▲花朵反轉朝上，暗紫紅色花萼筒密布毛茸

▶花朵自毛萼中逐漸伸長而出現

虎斑口紅花

學名：*Aeschynanthus marmoratus*
　　　A. longicaulis

英名：Tiger stripe lipstick plant
　　　Zebra basket vine

原產地：中國雲南至中南半島各國

　　附生於樹幹、石壁時，莖易發生不定根以攀附生長，嫩莖綠色草質、老莖木質。葉片對生薄革質，披針形，綠色葉面有淺黃綠色不規則花紋，葉背之相對位置呈紫紅褐色。近莖頂葉腋會綻放花朵，筒狀花黃綠色，觀賞價值不高。繁殖採扦插法，於溫暖季節剪取1~2節健壯莖枝扦插，容易發根成活。適合吊盆或壁盆，高度略高於視線，以便欣賞葉背特殊虎紋。

　　喜好半日照與遮蔭環境，室內較陰暗處，莖枝若細長軟弱呈徒長現象，則需燈光輔助照明，或移至窗邊明亮處。直射陽光曝曬會導致葉片黃化，而降低觀賞價值。高濕環境則利於生長。栽培介質使用一般培養土即可，每季施用一次長效性肥料。

▶葉面及葉背
　具虎紋

口紅花

學名：*Aeschynanthus pulcher*

英名：Scarlet basket vine
　　　Climbing beauty red bugle vine
　　　Royal red bugler
　　　Pipe plant

　　蔓性、附生型常綠植物。葉長4.5公分、寬3公分，葉面平滑臘質，僅中肋明顯而不見側脈，全緣，葉面青綠、葉背淺綠色。花腋生或頂生成簇，花梗無毛茸、淺綠色，花紅至紅橙色，裂片邊緣具細小毛茸，冠喉黃色，萼筒淡綠色微染紫暈彩，平滑無毛、臘質。

▶花冠筒形
　二唇狀

▲卵形葉
　對生

翠錦口紅花

學名：*Aeschynanthus speciosus*
英名：Beautiful lipstick plant

葉卵披針形，長3~10公分、寬1~3.5公分，全緣或稍具鈍鋸齒，葉端漸尖反捲。單花叢生於枝端，每群6~20朵，瓣端左右對稱，瓣唇反捲，稍具毛茸。花基部漸小，中部膨大，花冠鮮桔紅色，冠喉桔黃色。4雄蕊，兩兩結合於藥端，開花期間宜弱光少水，免導致花朵早謝。多年生常綠性蔓灌，為使其株型優美，最好每年重新扦插，若僅強剪，枝條易長短不一、凌亂不整。由扦插至開花最快約5~6個月，插穗宜留2對葉片，頂芽插或枝插於盆缽，盆口覆罩透明塑膠布，空氣潤濕環境約3星期即生根，於年尾前完成扦插較佳。

喜明亮的間接光源，不宜強光直射，栽培盆土宜偏酸性，肥料採用一般化學肥料及魚粕。幼苗期間（2~3個月）需較低溫（15℃）環境，澆水宜酌減，保持在乾冷狀態。而後就可於20~30℃的溫暖環境，勤予澆水、定期施肥，開花量較多。多以吊盆種植。

▼單葉對生或輪生

▲花冠長筒唇狀

暗紅口紅花

學名：*Aeschynanthus sp.*

莖近木質化，葉橢圓形，青綠色，中脈凹陷，對生，葉背淺綠色，僅中脈青綠。花暗紅色，花冠常彎曲，花蕊突出花冠外。

Chirita

原產於斯里蘭卡、印度、中國、東南亞等地，為一年生或多年生草本植物。植株有直立型、蓮座型等多種，葉多肥厚肉質，全株披細毛。花莖直立，花冠筒狀，花色多變化，有黃、紫、藍、粉紅等，花期不定。繁殖以播種及葉插法為主，種子細小，好光性，介質澆濕後灑上種子即可；葉插法則需將葉片連同葉柄切下，葉柄斜插於濕潤介質。花葉均美、耐寒、耐熱，可於室內栽培。喜明亮間接光源，可用人工光源輔助，但需避免強光直射。介質排水需良好，可用培養土混合珍珠砂、蛭石等種植，春、秋2季施用少許稀薄液肥，生長適溫5~30℃。

賀都唇柱苣苔

學名：*Chirita 'Kazu'*

全株披細毛，葉披針形，深綠色，葉緣細微鋸齒。花冠筒狀，藍、黃、粉紅、白色都有，花期夏季。

▼植株蓮座狀

▲葉脈凹陷淺綠色

▼喉處具黃色斑塊

▲花梗紫紅色直立斜出

愛子唇柱苣苔

學名：*Chirita 'Aiko'*

　　為C. subrhomboudea x C. lutea 的雜交種，株高30公分，莖直立，全株

披紫紅色細毛。葉長8公分，濃綠色，葉脈向下凹陷，中肋較明顯。花黃色5瓣，花萼紫紅色，花筒白、黃色，偶有淺紫色，花期春季至夏初，冬季休眠。土壤需排水良好，生長最低限溫-1℃。

▼紫紅色總花梗直出

◀花冠筒狀
　下垂

小龍唇柱苣苔

學名：*Chirita 'Little Dragon'*

　　為一雜交種，株高15公分，植株蓮座狀，具匍匐莖。葉肉質深綠色，葉片中肋凹下色淺，葉端紅褐色，紅褐色花梗直立，花淺紫色。

▶全株披白色長毛

光環唇柱苣苔

學名：*Chirita 'Nimbus'*

　　為一雜交種，植株蓮座狀，葉闊披針形，青綠色，葉背淺綠色。聚繖花序，花冠鐘形，粉紫色，喉部黃色，花萼紅褐色、線披針形。

▼花梗紫紅
　色斜出

◀葉中央以及側
　脈淺色斑塊

燄苞唇柱苣苔

學名：*Chirita spadiciformis*

鏟形葉，紙質，深綠色，長8公分、寬4公分。聚繖花序，花序總梗長6公分，苞片1枚，佛焰苞狀；5花萼，裂片等長，線披針形，全緣，端漸尖；花冠藍至淺紫色，下唇具1黃色斑點，長3公分，花期8月。

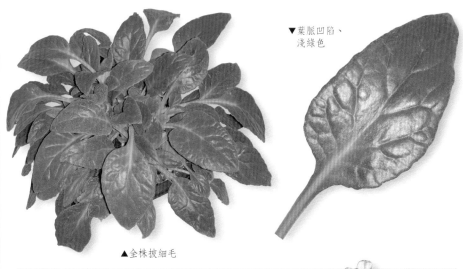

▼葉脈凹陷、淺綠色

▲全株披細毛

流鼻涕

學名：*Chirita tamiana*

株高15公分，葉面青綠色、葉背銀白色。花冠鐘狀，花白色、喉處具兩條暗紫色斑紋，看起來很像流鼻涕而得名。以細小種子繁殖，種子發芽需較多水分。喜陰涼環境，喜歡鈣質，可用硬水澆灌。

▼葉片毛茸明顯

▶此植株因光線不佳而徒長

Chrysothemis

多年生草本、球根花卉，具地下塊莖，地上莖直立，易生側枝。單葉對生。花萼筒狀，5角形，具翅翼角，裂片三角形、橘色，宿存較久，而可觀賞數週。花冠圓筒形，淺鵝黃色，冠端有5個圓形裂片之花瓣，呈二側對生，花冠內側具紅斑線紋。4雄蕊，花絲粘生於花筒基部，花藥合生。

以塊莖繁殖，亦可剪下枝腋處發生的短枝進行扦插繁殖。盆栽用土須肥沃、疏鬆。生長旺季注意澆水，盆土需常保持適度潤濕、不得乾透。若已進入休眠，就要減少供水。喜明亮之間接光源，直射光不宜，可人工照明輔助，光不足莖枝節間易抽長，植株直立性不佳，外觀醜陋。生長適溫16~26℃，18℃以下易停止生長而進入休眠期。

植株高大需於花期過後修剪。只要環境得宜，並給予良好適當的養護，植物將生長良好，並維持全年常綠，除非低溫進入休眠。

金紅花

學名：*Chrysothemis pulchella*
原產地：西印度、千里達

▼聚繖花序腋生，約4-8朵花

株高30公分，莖肉質四方型，似有狹翼。葉長卵形，對生，青綠色，長15~30公分、寬7~15公分，羽狀側脈8~10對。葉端銳尖，葉基漸狹，葉緣鋸齒，葉背帶紫色暈彩，脈紋明顯。花期春夏季。

▲葉面密布淺色短絨毛

Codonanthe

多為附生型、亞灌木或蔓藤，原產於熱帶美洲之南，墨西哥至巴西南部及秘魯之低海拔森林。莖節處易生根附著，而蔓延其個體。枝葉及花朵均纖細可愛，適合臺灣平地的室內環境。

中美鐘鈴花

學名：*Codonanthe crassifolia*
英名：Central American bell flower

蔓性莖紅褐色，披白色細毛。卵形葉長2~4公分、寬1~2公分，對生，短柄，肉革質，淡橄欖綠色，葉背具紅色腺點，中肋與葉端泛紅。臘質花冠白色，花冠基部圓形，至冠喉處漸大，花梗短小，花萼裂片線披針形，披細短絨毛，具紅色腺體。漿質蒴果卵球形，長0.8公分，成熟時紅艷欲滴，觀果性高。可播種繁殖，新鮮種子易成苗，一般多用扦插法繁殖。喜半陰環境，間接光照以1000~3000呎燭光為宜。好溫暖，生長適溫16~26℃。介質以富含有機質之疏鬆土壤為佳，每次澆水須足量，待盆土乾後再一次澆透。對於一般室內稍乾燥（相對濕度50~60%）空氣環境可忍耐。適合室內吊掛外，亦可種在蛇木板上，讓其莖枝自然垂落。

▼花1~3朵腋生，易開花

▼管狀花歪拖鞋狀，
冠喉處具豹紋

Columnea

苦苣苔科

鯨魚花英名為Goldfish plant，原產於熱帶美洲之中、南美及西印度群島。於原生育地，為附生型植株，常貼生於樹幹，而垂懸其莖枝及花朵。多年生草本、亞灌木或蔓性，莖枝硬直或軟垂。單葉多對生，由同一節處發生的2葉片，其形狀及大小可能不同；葉多為橢圓、卵或披針形；革質或薄肉質，全緣具短柄。花單立或群生於葉腋，花冠常朝下綻放，冠端如一張著口的魚，故名「鯨魚花」。管狀花冠二唇狀，左右對稱，上唇4瓣裂，下唇分開為2。有4個橢圓形的花藥粘生成正方或長方形，花絲基部則粘生於冠筒基部，5萼片。花色鮮艷有紅、黃、橙及粉紅，主要花期為夏季，少數種類在春天或冬天開花。花後結出扁圓形、果面平滑的象牙白漿果，果內有許多小型、光滑的種子。

繁殖方式除播種外，可分株、頂芽插或莖段扦插，於3吋盆內放入5~7個插穗，沾附助發根之粉劑，約5星期後生根，2個月後摘芯，再過2個月即可定植於4至5吋盆缽。

喜好明亮之非直射光環境，以1000~3000呎燭光適宜。夏日光強時須加遮陰，冬日陰暗則盡量移置較明亮之室內窗口，至少需光150~250呎燭光。性喜溫暖（16~26℃），有些種類須低至12℃才會於翌年開花。臺灣夏季酷暑時，須移至冷涼通風處。高熱又多濕時，易引起莖枝軟腐而死，發生時立即將未軟腐仍健康之莖枝切段扦插，植株尚可能存留。栽培用土壤須疏鬆、排水快速，可混加蛇木屑；土壤不可含石灰質成份，宜偏酸性。生長旺期須勤於澆水，盆土常保持潤濕狀，於酷暑或寒冬期間則須減少供水，冬季進入休眠期喜乾冷環境，土壤稍乾爽反倒有利。生長及開花旺期加強施用高磷肥料，注意粉介殼蟲危害。為促其花芽形成，每年花期過後，進入休眠時期，或早春季節，可修剪老化莖枝，以刺激新枝形成，較有利於未來開花。

▶斑葉種

立葉鯨魚花

學名：*Columnea banksii*

株高20公分，會攀於樹上附生，具粗壯直立之綠色莖，莖節略凸、泛淺紅色暈彩，易過長而下垂。葉披針形，青綠色，厚革質，中肋凹陷。花披紅色長毛，紅花喉部黃色。喜高濕度環境，多藉由蜂鳥授粉，可種於吊籃中，生長適溫17~28℃。

▼紅色花腋生

▶全株披白色長毛

紅毛葉鯨魚花

學名：*Columnea hirta*

莖枝綠色、披紅色短毛。葉橢圓或卵形，長3~4公分、寬1~2公分，中肋凹陷，葉背紅褐色。花冠長約5~6公分、管筒部長3.5公分，披針窄形的側唇，花絲平滑無毛茸。萼片披針線形，長1.5公分，全緣或有2對鋸齒，具毛茸，花期3、4月，漿果白色。

▲葉面綠褐色、密生紅色毛茸

▶管狀花橙色至紅橙色

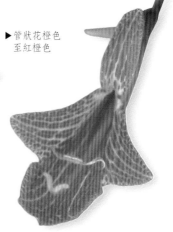

鈕扣花葉金魚花

學名：*Columnea microphylla 'variegata'*
英名：Small leaved goldfish vine

莖枝被紅褐色毛茸。葉片小巧可愛，狀似鈕扣，葉長僅約1公分，柄極短小。花多於春、夏季綻放，花數頗多，二唇狀花冠、猩紅色，冠喉及下唇基部有一明顯之黃色斑塊。花冠總長5~8公分、冠筒長2.5~3公分。花冠單立，具萼，全緣或稍具鋸齒，綠色被白毛茸，偶泛紅暈彩。稍耐陰，生長適溫18~21℃，夏日喜潮濕，又值開花盛期，需注意供水與施肥。冬季則盆土需保持乾爽，以促其花芽形成，利於翌年開花。

▲適合種成吊缽，讓枝葉自然懸垂

◀綠葉中肋黃綠色

▲陰暗處易徒長，莖枝抽伸過長

◀節間短、未徒長

鯨魚花

學名：*Columnea magnifica*

　　莖枝硬挺、直立向上生長，但抽長後亦會呈下垂現象。葉長8~9公分，綠色，中肋凹陷。花橘紅色、喉部黃色，單立於1~2公分長之花梗，萼片綠色多毛茸，與花梗約同長，花冠鮮猩紅色，長6~7公分、筒部長3公分，披軟毛茸，花絲短小亦密布毛茸，花期9月至翌年5月。多以扦插、分株或播種法繁殖。喜溫暖濕潤、半陰環境，生長適溫18~22℃，枝條易腐爛，喜疏鬆、肥沃、排水良好的砂質壤土，適合以吊盆栽植。

▲葉十字對生，披針形

▲全株被白色細茸毛

黃花鯨魚花

學名：*Columnea tulae* var. *flava*

　　莖枝紅褐色，過長時會自然下垂，葉披針形，深綠色，葉脈凹陷，葉背紫紅色。花黃色，腋生，漿果白色。

斑葉鯨魚花

學名：*Columnea 'variegate'*

　全株披白色細毛，葉柄及莖枝紅褐色，小葉對生，葉面中脈凹陷、葉背灰綠色，葉柄短。花紅色，腋生。

▲綠葉兩面皆具不規則黃色塊斑

◀花冠彎垂狀

Episcia

　喜蔭花屬植物不多，原產地多分布於南墨西哥至巴西之中南美洲地區。葉片簇生於短縮莖，具走莖，長可達30公分，走莖末端會生葉片。適合吊缽，讓走莖自然下垂。株高25公分，全株披毛茸、根系細密。葉橢圓形，十字對生，質軟，葉面粗糙。羽狀側脈，葉緣鋸齒。綠葉偶泛紅暈，中肋及羽狀側脈常呈銀灰或淺綠色，但不同品種亦會有其他葉色，如銅色、巧克力色或粉色等。

　花冠徑約1~1.5公分，管口平展之花瓣5~6裂，兩側對稱，雄蕊多不伸出花冠外，花期多為夏季，花色以鮮紅、緋紅、桔紅或白色為主，每年花後修剪以利日後開花。根系淺、根群不多，多分布於疏鬆的介質表面，以支持其龐大的地上部及走莖。

繁殖方法

● 播種

種子細小，介質宜質地纖細，直播於土面、不需覆土。盆缽下置水盤，注入稍溫暖的水，盆缽上覆蓋透明玻璃或塑膠布，放在明亮、非直射光處，約1~2星期種子發芽。發芽後給予充足照光，苗高2.5公分可假植於盆缽。

● 葉插

自健康母株連柄切下中、大型葉片，將柄基埋入介質，或用水插法，但生根慢且不易成功。

● 吊株

快速容易，走莖末端之吊株根部埋入土中，不要放在強光處，於土壤溫度20℃時生根較快。

喜蔭花吊株繁殖

土壤若排水不良、或澆水過於頻繁，近地表處之短莖，經常浸於水中易腐爛，或發生所謂的根腐病。澆水時，水滴不宜長期停留於葉面，或澆用之水溫與葉面溫度差異懸殊，較易發生葉斑病，亦即葉面產生褐斑塊，而有礙外觀。若葉面滯留水滴，又經直射強光照射，容易產生葉燒病斑。

喜好稍高的空氣濕度（45~75%），濕度愈高生長較佳、且有利開花，尤其於高溫乾燥的夏天，更喜潮濕空氣。位於自動、定時噴細霧的溫室中生長較好。亦可用大型淺盤，內裝小圓石或無菌土顆粒，注水後，盆缽放置其上，植株如置身於一局部多濕的小環境。

須注意追肥，生長旺季4~9月，可於每次澆水時一起施用約1/4濃度的化肥，或1~2周一次施用完全濃度的肥料，另外亦可以高磷肥與魚粕（弱酸性）交替施用。

臺灣平地室內溫度多可接受。冬日須注意寒流，12℃以下易造成植物地上部死亡，葉片變黑而脫落。此狀況發生可移置稍溫暖處，根若沒有死，僅地上部進入休眠狀態，翌年還會再發新葉。

栽培注意事項

喜蔭花顧名思義需要稍陰暗的環境，忌強光直射。若只欣賞多彩葉片，朝北窗口光線亦足夠。但若希望欣賞花朵，至少需500~800呎燭光，如放置於東、南向的窗口。較非洲堇需光更多些，可輔助燈光，每日照光14~16小時，可促進生長開花。葉面若出現褪色現象，可能是光線太強，須移置較暗處或遠離人工照明。

盆缽宜用淺缽，土壤需疏鬆且排水良好，培養土多混加珍珠砂、蛭石，有益根群生長。與本科其他植物比較，喜蔭花之土壤需濕性更強。除天寒之際須減少供水外，其他時日土壤需常保持適度潤濕，但切忌盆缽長期放在積水之盛水盤中，造成土壤浸水。

鄉村牛仔喜蔭花

學名：*Episcia 'Country Cowboy'*

　　莖枝柔軟呈匍匐性，具走莖，全株密披白色細毛。葉十字對生，厚革質葉，新葉紅褐色、老葉色轉深綠，中肋凹陷、銀色，葉脈明顯。花腋生，紅色，5花瓣。

喜蔭花

學名：*Episcia cupreata*
英名：Flame violet, Peacock plant

　　葉長5~10公分、寬3~6公分，葉深墨綠色，泛紅褐色暈彩，中肋及羽側脈明顯呈現銀灰色。生長適溫18~26℃，高溫之際可噴霧水於植株四周以降溫，但不可多量噴於葉片。

▼花長管狀

▲種植於吊缽，展示小吊株與走莖

▶緋紅色小花單生

紅葉喜蔭花

學名： *Episcia cupreata sp.*

英名： War paint

　　走莖多，全株披白色細毛。葉粉紅色，葉緣墨綠至深褐色。喜明亮間接光源，忌強光直射，冬季須注意保暖，不耐寒。

紫花喜蔭花

學名： *Episcia lilacina*

　　株高15公分，具匍匐莖，葉輪生，全株披倒鉤狀白細毛。橢圓形葉深綠色，葉緣鈍齒、毛邊，葉柄紅紫色。花淡紫、天藍色，總狀花序，白色花筒細長，花期9~12月。

▶ 葉面中肋呈灰白色斑條

銀天空喜蔭花

學名： *Episcia 'Silver Skies'*

　　株高15公分，具匍匐莖，全株披白色細毛。葉對生，葉面銀綠色，近葉緣色彩變墨綠灰褐色，葉緣鋸齒狀。花紅色，生長適溫10~35℃，盛夏強陽不耐，須部分遮蔭。小吊株可用以繁殖。

▶ 陰暗處，葉面銀光暗淡

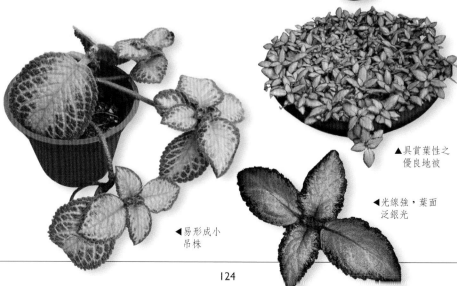

▲ 具賞葉性之優良地被

◀ 光線強，葉面泛銀光

◀ 易形成小吊株

Kohleria

艷斑苣苔

學名：*Kohleria sp.*

原產地：中南美洲

　　株高10~50公分，地下部具鱗莖，冬季寒冷時地上部葉片會萎凋，以鱗莖越冬，全株布滿細毛。葉柄短，單葉對生，橢圓形葉，中肋黃綠色，葉緣細鋸齒，葉脈淺凹。花腋生，繖房花序，花色有綠、紅、粉紅、橘等，依品種而異。花冠筒狀，花期春至秋季。

▼平展花冠布紅色斑點及放射狀斑條

▼葉面深綠至墨綠色

Nautilocalyx

彩葉螺蓴草

學名：*Nautilocalyx forgettii*

原產地：哥倫比亞

　　全株披白色長毛，粗壯莖及葉柄紅褐色。葉長10~15公分、寬4~6公分，中肋及葉緣暗紫褐色，葉緣細小鋸齒。花冠白色鐘形，冠喉黃色，腋生。繁殖以扦插為主。

▲葉亮綠色，葉脈凹陷

◀葉背中肋與主側脈紫紅色

Nematanthus

袋鼠花屬植物曾歸於 *Hypocyrta* 屬，現已改列為 *Nematanthus* 屬，與鯨魚花為近親，原產於中南美洲。此屬植物英名為 Gold fish plant（金魚花），國內多泛稱袋鼠花，乃因其長筒狀花朵，形成一膨大似袋鼠般的肚腹，兩端卻又縮小尖細，又名口袋花、河豚花等。

多年生、常綠性、草本或亞灌木，亦有蔓性者，株高25~60公分，適於鉢植，或做成吊盆欣賞。單葉對生，葉橢圓形，全緣，具短柄，葉面平滑或附生毛茸，葉片略厚實，葉色綠或黃斑、紫褐色等。長筒狀之合瓣花，瓣端具淺缺刻，冠筒長1~5公分，花色有橙、紅、黃、粉等，或雜斑品種。花多單立腋生，具萼片。繁殖多用扦插法，以頂芽插較容易。

喜明亮的間接光源，介質排水需良好，澆水量需適度，稍具耐旱力，需待表土乾鬆後再澆水，夏季悶熱易生長停頓或造成落葉現象，冬季氣溫驟變時也易落葉。

袋鼠花

學名：*Nematanthus glabra*
　　　N. wettsteinii

英名：Clog plant, The candy corn plant
　　　Glod fish plant

紅褐色莖枝直立生長，莖節明顯，莖枝過長後會略下垂，葉橢圓形，長1.5~2公分，緣略向後捲，肉革質，富光澤。花鵝黃至紅色，蠟質，花瓣端有一細環紫邊，冠筒長約2.5公分，萼筒黃綠色，具縱走稜脊。環境得當可經年開花，適合立式盆栽或吊鉢。12~2月低溫短日照時，應減少供水，尤其溫度降至10~14℃時，植株可能呈休眠狀。

◀需常修剪，使株型豐圓，觀賞性更佳

▶小植株即會開花

▼葉背中肋具紅色斑塊

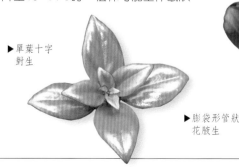

▶單葉十字對生

▶膨袋形管狀花腋生

斑葉袋鼠花

學名：*Nematanthus glabra 'Variegata'*

　　綠葉橢圓形，葉緣具乳白色不規則斑紋，葉背灰白綠色，中肋明顯。花腋生，橘紅色，花冠多5裂。

橙黃小袋鼠花

學名：*Nematanthus wettsteinii*

英名：Goldfish plant

　　株高15~30公分，莖直立，老莖漸木質化，過長易下垂。葉橢圓形，厚革質，深綠色具光澤，葉背中央具紅褐色塊斑，小花橙黃色，花冠5裂，花期夏季，全日照開花較佳。

紅袋鼠花

學名：*Nematanthus 'Tropicana'*
　　　　N. 'Moonglow'

原產地：澳大利亞、中南美洲

　　植株較袋鼠花高大，株高40~60公分，紫褐色細長枝條。葉柄短，葉橢圓形，長2~5公分，葉面中肋凹入、葉背隆起，葉色濃綠光滑，葉背中肋紅褐色。花紅色腋生，花萼淺綠、布紫紅色暈彩，蠟質花朵似塑膠花。

▼光線差，植株已徒長

▲花冠黃色，筒外具
　縱走紫紅色斑條

Primulina

愛子報春苣苔

學名：*Primulina 'Aiko'*

蓮座狀植株，葉披針形，葉脈淺綠凹陷。深褐色花梗細長直立，小花黃色，長筒狀，花近瓣端披紫色暈彩，繖形花序頂生，下垂狀，花瓣5裂，萼片披針狀，紫褐綠色。

狹葉報春苣苔

學名：*Primulina 'Angustifolia'*

具葉柄，葉長披針形，深綠色，葉緣鋸齒狀，葉背淺綠色。花梗綠色，粗壯直立，繖形花序頂生，小花淺紫色，花瓣5裂，裂片紫色較深，喉部黃色，全花除裂片外皆披白色細毛，花期夏季。

▶葉脈具肋骨狀
　銀綠色塊斑

小龍報春苣苔

學名：*Primulina 'Little Dragon'*

長橢圓形綠色葉片，較特殊的是全株，尤其是葉片密布長長的細毛茸。

卡茹報春苣苔

學名：*Primulina 'Kazu'*

植株蓮座狀，全株披紅褐色細毛，葉脈凹陷。花梗細長，直立或斜伸，綠色偶呈紅褐色，筒狀花淺紫色，花瓣5裂，裂片紫色，喉處橘黃色。需避免強光直射，介質需排水良好，生長適溫5~30℃。

報春苣苔

學名：*Primulina tabacum*

原產地：中國大陸

葉圓卵形，基生，有柄，葉基淺心形，兩面被短柔毛，葉背被腺毛，葉柄兩側有波狀翅翼。聚繖花序，小花3~7朵，苞片2，狹卵形，被腺毛，花萼5深裂，裂片披針形，被褐色腺毛，花冠紫色，高腳碟狀，長約1.2公分，被短毛和腺毛；花瓣5裂，裂片圓卵形。蒴果長橢圓球形，種子暗紫色，密生小乳頭狀突起，花期8~10月。

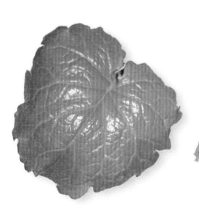

▲葉緣淺裂或淺波狀

▲花梗被紅褐色柔毛及腺毛

Saintpaulia

非洲菫

學名：*Saintpaulia ionantha*
英名：African violet
原產地：東非

又名非洲紫蘿蘭，多年生，莖有短縮莖與蔓性莖二種，但台灣多為短縮莖型，葉片似自地際叢聚著生。葉有柄，柄長短除依品種而異，亦因日照多寡而改變，光強柄短、光弱柄長。單葉，葉形多樣：心形、卵型、圓形、橢圓形等，葉緣有全緣、鋸齒、波皺、細摺或絲裂等，葉色綠、藍綠，或撒布大小不等之斑點，緣鑲斑色等。葉背綠、淺綠或帶有紫紅暈彩。葉肉質，可貯存水、養分，葉面密布細毛茸。

花序自葉叢中抽出，花有單瓣（5花瓣）及重瓣、半重瓣者，瓣緣平展或波皺；花型有一般型、星型等。花色有白、粉、紅、紫、青、藍、紫紅等之純色，或有斑條、斑塊、撒布斑點及綠色等變化。

植株小巧可愛，為精品級盆栽。若照顧得宜，光線充足，一年四季開花不輟，沒有所謂的休眠或落葉期間。花色多，個人也可以學習交配，而獲得意外驚喜。花色、花型變化無窮，可不斷收集新品種。

繁殖方法不困難，具植物栽培經驗者，很快地就掌握訣竅，三大基本要點如下：

- **時期**：春天氣溫較合宜，一年中任何時期亦都可繁殖。
- **溫度**：扦插適溫至少19℃以上，播種至少22~24℃。
- **介質**：細碎的水苔與等量的蛭石混勻

使用，扦插、莖插或播種均適合。

栽培注意事項

土壤

富含有機質的土壤，需疏鬆、通氣、多孔質、排水快速、且肥沃，pH值6.4~7.0微酸性。栽培介質於上盆前，可用藥劑或高熱消毒，以殺死病菌及雜草種子。無土介質配方比例以2：1：1的水苔、蛭石、珍珠砂之等量體積；或培養土、水苔與蛭石（或珍珠砂）各一份混勻使用。

盆缽

多孔材質之素燒盆優於塑膠盆，有利於過多水分之散失以及通氣，但澆水次數也須增加。因其根群淺，盆缽可採用廣口徑者，深度較淺無妨。盆缽口徑依植株大小採用2~6吋盆，深度約口徑1/2~3/4即可。若使用過大盆缽，易導致營養生長旺盛，卻不利於開花。因過多的空間，使植株不斷地想擴充其根及地上部葉群，直至根群於盆內近於溢滿時，才會轉移至開花。

光線

室內南向窗口光線較直接且量多，僅冬季可將盆栽放此處，夏季若放此處需加設窗簾紗，濾過光線後就較適合。北向窗口光線微弱，僅盛夏前後可放置此處。東向窗邊較理想，光源非直接卻夠亮。西向窗口下午光線嫌強，需加窗簾遮擋。要終年開花不輟，光線為最大

影響因子，需夠明亮。光太弱除影響開花，葉柄也會抽伸甚長；但光線太強，葉片黃化不美觀。

水分

澆水不當，尤其澆水過量更易引發危機。常見病害之莖冠腐爛，多因土壤排水不良再加上澆水太多所引起；造成植株中央之莖頂褐黑化，而後水腐狀，葉柄自基部腐爛掉落。若發生早期可予以換盆，採用排水良好之疏鬆介質，並

減量澆水。若已落葉，葉片本身尚健康，則可切除腐爛柄基，用來葉插繁殖。已無法可救時則丟棄勿感染它株。

- **何時澆水**：用手指尖探試，盆土表面1.5公分深度內的表土，都呈乾鬆狀態時，即需澆水了。當葉色黯淡無光彩，葉緣反曲、縮皺時，需立即多量補充水分。
- **澆水方法**：使用室溫的水來澆灌，太冷涼的水滴到葉面，以及陽光直接照射潮濕葉面，易於葉面形成褐斑塊，

非洲菫水插繁殖

▼非洲菫葉片

1 以保鮮膜及橡皮筋將水瓶瓶口封住，並於其上刺出幾個小洞

2 將成株之葉片帶柄剪下

3 由保鮮膜上的小洞插入，須確保葉柄基部浸於水中

4 經過一段時間，葉柄端長出細根

5 生根後定植盆缽

一旦形成，不會自行消失，只有盡量避免前述現象發生。

● 上注法：用細嘴水壺自葉叢間隙注入，盆底的貯水盤不得蓄水，澆水後流出之多餘水分需儘速倒掉。

● 下注法：清水直接注入盆缽下方之貯水盤，水分會由盆底洞慢慢滲透進入，約2小時後，再將貯水盤中未被吸收的水倒掉，並檢視水分是否已達表土。

上注法與下注法可交替使用，順便將多餘鹽份清除。

● 綿線吸水法：此法較持久，若長時間無法澆水時可採用。可用一條粗綿線，一端由盆缽底洞穿入、或由盆面表土內塞入，粗綿線另一端放入滿水盤，水分會藉綿線經毛細作用進入盆土，適量而不會過度。

溫度

人們覺得舒適的溫度，非洲董也生長良好。日溫22~24℃及夜溫20~21℃較理想。但能容忍的極限溫度範圍，也頗有彈性，視品種而異，夜溫可低到

非洲董扦插繁殖

1 取成熟健康帶柄的葉片，葉柄長度約5~10公分

2 用竹筷於盆土戳小洞

3 葉柄部位插入洞中約2~3公分

4 用手指鎮壓，使葉柄與土緊密接觸

5 充分澆水

6 用透明塑膠布包覆

7 萌發新葉後即可將塑膠布移除

7~10℃。但只要氣溫逐漸改變，植株多不致出問題，但氣溫驟變較易受害。

冬日溫度降至16℃以下時生長漸緩慢、開花也稀疏。而夏天氣溫持續30℃以上多日時，株型會改變，花苞未綻放即萎落。非洲菫較喜冷涼而厭惡燠熱。

空氣濕度

於原始生育地，如坦桑尼亞，空氣濕度70~80%。空氣相對濕度較高，葉色潤澤、花開得多、且大朵，吸收養份能力增強，即使光線稍差也無大礙，因此提高空氣濕度有利於植株開花與生長。

通風

於鬱悶、空氣不流通場所，病蟲害繁衍速率驚人；亦忌強風吹拂植株體，因此盆缽間距離至少15公分以上，室內有微風吹送的場所較理想。夏天燠熱時須藉風力來降溫，室內空調使人舒適，非洲菫也感覺爽快。

施肥

施肥不足營養缺乏，又使葉、花之色彩黯淡不鮮麗，且容易招致病蟲害侵襲，使植株衰弱。盛花旺期，至少須停肥1星期，尤其是大花品種。光度低之冬天或雲雨日，生長速率減緩時，亦須減量供肥。

繁殖或換盆填裝新土時，不必急於施肥，至少可停肥1個月，因繁殖時並不需要肥份，土壤內原有肥份已足夠。植株顯得不健康時，亦需停肥檢視原因。

施肥前土壤須充份濕潤，乾燥之粉狀肥料不可近根處撒施。生長旺季每月1次，用盆缽體積約15倍的清水，自盆面表上向下淋洗，以清除盆上內蓄留之有害多餘鹽份。有機肥份與化學肥料應交替使用，以取其優點、避缺點。

施肥過量時多餘的鹽份會蓄留在盆緣，當葉片或葉柄碰觸到盆缽壁沿，因接觸造成觸點處軟垂，並發生褐斑、銹斑。將發生狀況的葉片或柄切除，再用多量水分將盆內餘留鹽份淋洗去。

病蟲害

提供適合的生長環境與照管，只要植株健康，就可以降低病蟲害感染。新進盆栽與原有者，最好隔離1個月，至少相隔45公分，免新盆栽帶來未知之病蟲害，傳染給原有植物。常見害蟲有白蠅、薊馬、介殼蟲、粉介殼蟲、紅蜘蛛等，噴布藥劑除蟲。

其他

經常將爛葉、萎花等除去。因其葉面滿布毛茸，易吸附空氣中的灰塵，可用室溫的清水，以細霧沖洗全株，或使用軟毛刷清掃，使葉面乾淨亮麗。

▼葉面毛茸多，可吸附塵埃

◆非洲堇單瓣多種花色

苦苣苔科

◆非洲菫斑葉品種

◆斑葉迷你非洲菫

Seemannia

小圓彤、聖誕鈴

學名：*Seemannia sylvatica*
　　　Gloxinia sylvatica

英名：Hardy Gloxinia
　　　Bolivian Sunset
　　　Bolivian Sunset Gloxinia

原產地：玻利維亞、秘魯、巴拉圭、巴西
　　　　南部、阿根廷北部

　　全株有毛，地下具發達走莖，休眠期根莖末端肥大部，可作繁殖材料。葉披針形，長6~10公分、寬2公分。總狀花序，囊狀花，花喉部黃色，具橘色細沙狀斑點，5花萼線形，花冠5裂，花期秋末至初春。台灣市面另有植株較矮小、花與葉皆圓短，株高約15~20公分的矮性種。亦有植株粗壯高大、葉片與花都較長，株高30~50公分的大型種。

▲地上莖直立或
　斜伸、紅褐色

▶葉面墨綠略具光澤，
　觸摸質感粗澀

▶花梗細長達5公分以
　上，自莖頂生出

▶葉面被細毛茸

▲花橘色或橘黃色

138

Sinningia

　　球根多年生草本植物，原產地為中、南美洲，尤其是巴西。多具鱗莖或塊莖，全株披毛茸，花朵較大且色彩鮮豔。喜多溼溫暖、遮蔭良好之環境，以及富含有機質之疏鬆土壤。有許多栽培品種與變種。

艷桐草

學名：*Sinningia cardinalis*
　　　　Rechsteineria cardinalis
英名：Cardinal flower, Helmet flower

　　落葉性多年生球根花卉，具有地下部塊莖。株高約30公分，全株披綠、紫紅色毛茸，地上莖不高。莖頂約著生4~5對葉片，單葉對生，具葉柄，長2~4公分。葉卵心形，長15公分、寬11公分，葉色濃綠，葉脈色稍淺淡，葉緣鋸齒狀。花朵單立或數朵群聚於一總梗，花梗密布紅色絨毛，自葉群叢中抽生。花鮮紅色，二唇狀，上唇比下唇明顯較大。萼片淺綠色，與花梗連接處帶紫紅色暈彩。花型酷似鯨魚花，卻沒有兩側唇，其下唇也沒有下垂現象，而且色彩更濃艷。花筒基部具5裂萼片，披針形，淺綠帶紫紅色暈彩，長約0.6公分。主要花期為春、夏季，可賞花3個月之久。

　　需光性稍強，至少300~500呎燭光的光強度才會開花，空氣濕度約50%即足，生長適溫18℃，當溫度較低時，澆水量亦需酌減，於2次澆水間最好讓盆土乾透。寒冬澆水尤其需減量，免植株受寒害。平日也不可讓土壤積水，易引起莖腐病。生長初期可多施氮肥，之後可加重磷肥。

　　具休眠習性，開花後葉片漸轉枯黃而萎落，植株並非死亡，只是生長停頓，落葉進入休眠。僅需將盆及其塊莖移置角落，偶爾澆少量的水即可，免其塊莖完全乾枯，待翌年春暖時再充份澆水，不久即發葉，並綻放艷麗花朵。

▲花冠長管狀

落葉大岩桐

學名：*Sinningia defoliate*

　　株高40公分，葉自塊莖發出，長可達30公分，無葉柄，開花時葉片可能落光，故名落葉大岩桐。繖形花序，長花梗自塊莖抽出，紅褐色，管狀花紅色，自花梗三出而生，花徑4公分，花萼深紅色，花藥紫紅色，花期秋、冬季，冬季休眠。喜排水良好、潮濕陰涼處。

▶每莖僅有一葉

迷你岩桐

學名： *Sinningia eumorpha × S. Conspicua*

株高低於15公分、幅徑8~15公分。葉長5~10公分、寬5公分，葉基略凹，葉緣波浪、鈍鋸齒狀。花色多樣，有橘、白、粉紅、紫等，花徑約1.5~2公分，喉部偶具斑點或漸層色，春秋季較常開花。可播種或莖插、葉插繁殖，適期為春秋季。喜明亮的間接光源，可使用人工光源栽培，適合種於室內，栽培介質需排水良好免爛莖，空氣濕度最好維持50%以上，生長適溫21~26℃。

▼花冠長筒狀，開口朝下

▲葉長橢圓形，葉脈紅色凹陷

大岩桐

學名： *Sinningia speciosa*

英名： Gloxinia, Florist's gloxinia Slipper plant

株高10~35公分、幅徑30公分。葉自塊莖發生，橢圓形，長10~18公分、寬5~8公分，具短柄。花大型鐘狀，冠徑6公分，有單瓣及重瓣種，花色有白、粉、藍、紫、紅及暗紫色；單色、斑點或鑲邊等。繁殖可採用播種、塊莖、葉插法。

▼具短縮莖，花與葉自地際發生

▲葉面密布毛茸，葉緣鋸齒狀

大岩桐繁殖方法

播種繁殖

商業生產者多用此法，可於短期內獲得多量植株，當苗大到能處理時，先假植於6公分的小盆缽，3個月後定植於12~15公分盆，由播種至開花約須5~7個月。

塊莖繁殖

塊莖種於淺缽內，冠芽朝上，覆土約高過塊莖頂1公分即可，鎮壓後，充份澆水，即可等其發芽。

▲花瓣外白內紅

葉插繁殖

　　取下連柄之葉片，將葉柄淺埋栽培介質，即可生根發芽。或將葉身中肋橫切數刀後，將此葉片平鋪介質表面，用小石子鎮壓，切口需與介質密貼，每一切口處會向下發生小塊莖，向上長葉，各成獨立植株。

栽培注意事項

● 自花市剛購買的盆栽，拿回家後切忌放在陽光直射場所，免發生日燒病，但也不可放在陰暗角落，易落葉，花芽褐變、或未開先落蕾。較適合放在無陽光直射的明亮窗邊，並適量供水；切忌澆水過勤，易使葉片自柄部腐爛而脫落；待植株適應良好後才施肥。

● 較本科其他植物需光較強，且日照時間也須較長。若放在室內，南向或東南窗口較理想，冬天則儘量給予較多光量及光強度，夏日則須予以遮陰。光線是否適宜，由枝節間長度即可知曉，光度夠則葉片密簇，看不到短莖；光弱則短莖與葉柄抽長而軟彎；葉色若泛黃是光太強所引起，據以調整適量光照。光暗處可用人工照明，100W燈泡距離植物120公分，每日照光14~16小時即可。冬日降溫時花會褪色，夜間可加強照明4~5小時，以減少此現象發生。

◀花朵自植株中央抽生

- 生長適溫21℃，空氣相對濕度50~70%較佳，濕度太低芽易萎縮早落，葉片易呈乾枯狀，而高濕環境則葉片顯得水嫩。可以人工噴霧方式增加空氣濕度，但僅能以極細的室溫霧水噴葉，或不噴到葉面，僅在植株四周噴布即可。

- 多盆栽種植，成株多種於6吋盆，最好使用淺缽，高度10~12公分即可。

▲▼重瓣品種、花色
變化豐富

盆栽用土宜疏鬆，富含有機質之培養土、泥炭土、粗砂（或珍珠砂）各1份混勻使用，略酸性（pH6）土壤，較有利植物生長。

- 供水不可過勤，土壤若長期積水不退，易發生冠腐及莖腐病，造成塊莖頂部腐爛，柄基水漬爛腐狀，葉子一片片凋落時，儘速將塊莖自盆土小心掘出並清洗乾淨，再塗布殺菌粉劑，陰乾後再重新種下。

- 生長旺季每1~2週施用一次完全肥料，可使用N-P-K比例為15-15-15或20-20-20者。

- 病蟲害不多見，除冠腐病外，須注意紅蜘蛛危害。只要供水適當，通風良好及植株間不要太過擁擠，給予充份的通風空間，較可以減少病蟲害。

- 花謝後植株進入休眠，此時可完全停止供水施肥，待葉片全部萎謝後，移去死葉，將盆缽移置溫暖角落貯放至翌春。於此休眠期間，只須偶爾供一點水，使其塊莖不完全乾透即可。

▲喉部具斑點或漸層色

女王大岩桐

學名：*Sinningia speciosa 'Regina'*

　　株高30公分。葉對生，深綠色，紫紅色葉柄頗短小，葉緣偏紅色，具細小鋸齒。花緣紫色，喉部白色、布紫色細點，花萼及花冠略下垂。喜半日照、高濕度，但不喜土壤積水，土乾才需再澆灌，夏季為生長旺期，冬季略呈休眠狀。

▼葉片中肋以及
　羽狀側脈白色

▼細長花梗
　紅褐色

香水岩桐

學名：*Sinningia sp.*

　　莖肉質直立，紅褐色，全株披白色細毛，莖枝抽長會軟垂。葉緣鋸齒，葉脈綠白色，葉柄基部著生2小葉。花喉部淺褐色、具咖啡色縱紋。

▼塊根球狀肥大

▼葉厚肉質，
　長橢圓形

▲小花白色

Streptocarpus

原產地多位於非洲，枝條常匍匐懸垂，適合種植於吊籃，懸垂向下的花、葉更加顯眼。葉主要有兩種生長形式：蓮座型以及單葉型，前者之花莖新芽自群葉基部長出；後者單葉自基部生長，一莖枝只長出一片葉，冬天此葉片凋謝死亡，但葉近底端部分會存活，於隔年氣候溫暖時再萌發新葉。花僅2.5~3.5公分，花色有紫、淡紫、粉紅和白色，花5裂，花筒高腳碟狀，左右對稱，授粉之媒介多元化，包括：鳥類、蒼蠅、蝴蝶、飛蛾和蜜蜂等，若無法由外界授粉，也會自花授粉。

繁殖方式多樣，包括：種子、葉插、扦插、根系繁殖皆可：

種子繁殖

種子細小，種子發芽需光，播種後不需覆土，適溫18~20℃，盆缽透空處需包覆透明保鮮膜用以保濕，喜間接光照。

葉插法

包含部分葉柄之葉片，插入盆器後，澆水並壓實介質，於盆頂覆蓋透明塑膠布、並用橡皮筋固定以加強保濕。不帶葉柄之葉插法，繁殖成功率較低。葉插法為促進生根可沾附人工激素。

根系繁殖

多數具匍匐根莖，若其上已長出幼苗，可將其截斷另種。

扦插繁殖

將植株剪取約5~10公分長的枝條，截斷處最好位於枝條節點下方，截斷後插入乾淨水中即會發芽。插入介質中，給予間接光源、溫度18~20℃環境。萌發新枝葉約5公分長便可另植。

栽培注意事項

- 使用1/8到1/4珍珠砂混合腐植殖培養土，盆底需預留排水孔洞，以方便排水。
- 生長適溫18~25℃，最低限溫約10℃。
- 至少需50%間接光照，可使用人工光源，但不可陽光直射。
- 根部不可泡水，需待土壤全乾透才再澆水。
- 花期多為春季到秋季，冬季進入休眠會停止開花，有些品種會落葉。

海角櫻草、大旋果花

學名：*Streptocarpus hybridus*

英名：Hybrid cape primrose
The cape of good hope in Africa

多年生草本植物，株高30~40公分。葉柄短小，葉長橢圓形，紙質，長30公分、寬6~10公分，綠葉面上隨細脈呈小格狀凹凸，披白色細毛，葉緣鋸齒波浪狀。花冠喇叭狀，5花瓣，上2瓣較小，下3瓣稍大，左右對稱。花梗細長，自葉叢中抽生，花白、粉、玫瑰紅、紅、藍、紫色皆有，花心具縱走放射狀斑條，花期春至秋季，除盆栽觀賞外，亦可做切花。可使用播種或葉插法繁殖。

播種繁殖

因種子極細小，每克約51,000粒，不易處理，故只有極少數品種（如cv. *Wiesmoor*）才用播種繁殖，多春播，16℃時發芽較好。

葉插繁殖

全年均可行之，溫度20~22℃，相對濕度90~95%，需光稍多較易成功。商業栽培多採用此方法繁殖，扦插最快6個月即可開花。採取一成熟葉片，自中肋處均分成左右兩部分，傷口塗布生根荷爾蒙及殺菌粉劑，而後將切口處垂直理入介質。介質可用水苔、珍珠砂與蛭石各1份混合使用。約1個月後生根，2個月後就有小苗株發生，每一葉片至少會發生20株苗，約3個月即可定植，再3~4個月即會開花。

▲葉面羽狀側脈明顯，約10~15對之多

◀小花頂生，略下垂

栽培注意事項

- 盆栽用土與非洲堇者相同，但不需偏酸性，可用水苔、珍珠砂與蛭石各一份混勻使用，需疏鬆且排水良好。
- 定植宜用淺缽，口徑10~12公分。土面積水易導致莖腐病，為預防其發生，可於土面舖放一層無菌土（發泡煉石）。

  對肥料頗敏感，生長季節每2週施用濃度減半之完全肥料，施肥過多易傷根。

- 供水須適度，每次待盆土表面土壤已乾鬆後才澆水，否則短縮莖易發生水漬腐爛現象。到冬日有些品種會生長停頓進入休眠，就須減少供水；不休眠者則須經年供水不輟，冬天略減。
- 開花需較多光線，明亮非直射光處較理想。只要光線充足，全年開花不輟，但光線太強或直射光完全無遮擋，易引起葉燒之褐斑。
- 空氣濕度50~60%即可，但夏日最好提供較高的空氣濕度，但也不可噴大滴水於葉面，需細霧水。

  生長適溫為24℃、夜溫16℃。

- 每次開花後，需迅速剪除花莖，免浪費養份於結實。

  每年一次於春天換盆。

- 病蟲害除須注意紅蜘蛛、薊馬、白蠅。噴藥之藥劑種類與劑量需注意，免引起葉面藥害。

◀具短縮莖，葉簇生於地際

海豚花、假非洲堇

學名：*Streptocarpus saxorum*

英名：Dauphin violet
False african violet
Cape primrose
Nodding violet

　　外型似非洲堇，密披毛茸的枝條有分枝，可做為地被植物，將裸土被覆。原生育地的向陽懸崖峭壁面，呈懸垂吊掛狀生長於岩隙間。葉面濃綠或略呈黃綠色，葉背及葉柄淺綠色，羽狀側脈4~6對。喜好稍冷涼高濕環境，耐陰，忌強光直射；介質需排水良好，澆水不可過勤，生長、開花旺季可多施肥料，生長適溫10~18℃。

◀花梗細，長7.5公分，自葉腋抽生

▼花管狀冠筒布毛茸，花期春夏季

▼葉對生或輪生，於莖枝密簇生長

▼花淡藍紫色，花冠徑4公分

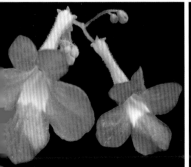

▼花唇瓣歪斜不對稱、白色

▼葉橢圓形、厚肉質、密披毛茸

小海豚花

學名：*Streptocarpus caulescens*

　　株高30~50公分、幅徑30~50公分，全株披白色細毛。葉肉質，橢圓形，暗綠色。花梗細長，花朵小且柔軟，花徑2公分，小管狀，化淡紫或紫色。半日照，不喜直射陽光，澆水每週一次，需排水良好的土壤，種植於吊籃中，可充分展示其下垂的枝葉及花朵。

▲小葉三出輪生

▲匍匐莖肉質易斷裂，紫紅褐色

Titanotrichum

俄氏草

學名：*Titanotrichum oldhamii*

英名：Primula

　　根莖肉質披鱗片，株高20~50公分。葉柄長0.3~6.5公分，葉緣粗鋸齒，葉端銳尖或漸尖。總狀花序，花序軸被柔毛，苞片披針形至線形，花萼裂片披針形。花鵝黃色，冠喉酒紅色，花期6~11月。

▶葉面毛茸密布

▼全株披白色柔毛

◀葉片橢圓形，葉脈凹陷，十字對生

百合科
Liliaceae

　　多年生草本植物，根系有多種型態：鬚根、塊莖、根莖、球莖或鱗莖等。單葉互生或輪生；花多兩性之整齊花，單立或各種花序，子房多上位、常3室，蒴果或漿果。多分布於亞熱帶與溫帶。

Aloe

　　蘆薈屬有少數可食用，原產地多為地中海、非洲地區。蓮座型常綠植物，具短莖，葉肥厚肉質，葉面偶有斑點，葉端漸尖，葉緣鋸齒或疏生尖刺。總狀或穗狀花序，花序梗長，花期夏秋季。

　　喜透水性良好之疏鬆土壤，多不耐寒，0℃以下容易凍傷，5℃便會停止生長。頗耐乾旱，澆水過多若造成積水，易導致爛根，夏季5~10天澆水1次，冬季生長緩慢時，於植株體噴霧水方式澆灌，土壤需保持乾燥。

　　需光較多，盆栽可擺放於避風之向陽位置，於中午前後多接受日照。生長旺季可少量多次施肥，以有機肥為主，若施用化肥，則盡量不要沾附葉片，若沾到須以水沖洗。

蘆薈
學名：*Aloe sp.*

　　株高約60~90公分，青綠色葉抱莖對生，葉長15~40公分、厚1.5公分，葉端漸尖，葉緣疏生短刺。總狀花序長20公分，小花黃色，花期夏秋季。需光半日照以上，生長適溫15~35℃。

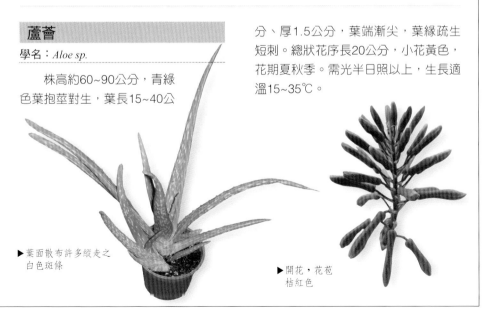

▶葉面散布許多縱走之白色斑條

▶開花，花苞桔紅色

拍拍

學名：*Aloe 'pepe'*
　　　A. descoingsii × *A. haworthioides*

　　小型叢生，葉長三角形、青綠色，葉面、葉緣、葉背皆具白色細尖刺。易長側芽，可撥離側芽進行分株繁殖。需光半日照以上，耐旱。

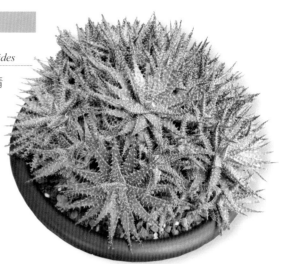

銀葉蘆薈

學名：*Aloe 'Silver Ridge'*

　　株高15公分，全株披白色鱗片。葉緣具白色鋸齒，葉端偶泛紅色。穗狀花序，花序梗長，自葉群中央抽生，粉紅色，花苞橘紅色，前端黃、綠色，小花橘紅色，花期夏季。喜明亮的間接光源。

◀開花

▶葉深綠色，具長條狀銀白斑塊

Asparagus

武竹屬為多年生草本、木質藤本或灌木，原生於南非、斯里蘭卡。具有地下根莖或塊莖狀根。真實葉片多呈鱗片狀，另具綠色窄細的葉狀莖。盆栽、吊缽或地被使用。花單性或兩性，色彩多鮮麗，白、綠或黃色，單立、成對或繖形、總狀花序。6花被，6雄蕊，漿果。多採播種或分株繁殖。春季檢視盆土內根群，若太擁擠，須修剪糾結的根群，並予以分株或換盆。老株需強剪，促其再自根際發出新枝葉。

對光照要求不高，戶外全陽或陰暗處皆可生長，但在明亮非直射光處將生長較好。耐寒性尚佳，冬日5℃以上不致受寒害，台灣冬日寒流時多可安全度過。生長期間須勤予澆水，因有肉質根較耐微旱，水分過多反倒易受害，根群不可泡在水中，肉質根易腐爛，因此土壤須排水良好，過多水分需快速排除。冬日氣溫偏低植物進入休眠之際，土壤須保持略乾旱狀，較易越冬。

生長期間葉片黃化時，先確定可能發生之原因，如日照太強、氮肥施用不足、澆水太多造成根群腐爛，或紅蜘蛛吸食葉片汁液等？再針對原因予以改善。

狐尾武竹

學名：*Asparagus densiflorus 'Myers'*
　　　A. densiflorus 'myersii'
英名：Myers's asparagus, Plume asparagus
別名：狐狸尾、非洲天門冬

株高30~60公分，具肥大塊莖，由根際長出之主枝，密生小枝及線狀小葉。漿果球形，未熟時青綠色、成熟轉紅豔，內有黑色種子1~2粒。可採用播種或分株繁殖，繁殖適期為春秋季，繁殖後經緩慢生長，約需2年之久長至成熟尺寸。

性喜高溫，忌強光直射，耐陰性強，於半陰處表現較佳，生長旺季供水需充足，定期施肥可使葉色美觀，適合室內盆栽及切花。

▼植株叢生

▼狐尾武竹之總狀花序腋生，小花乳白色，具香味

▶主枝整體形似狐狸尾巴，故名之

武竹、垂葉武竹

學名：*Asparagus densiflorus 'Sprengeri'*

英名：Sprengeri fern, Sprenger asparagus

　　宿根性觀葉植物，主枝上具互生的分枝，以及扁平線狀的葉狀莖，葉狀莖長約2~4公分、寬僅0.2公分。主枝易軟垂，可種成吊缽放置室內半陰環境；亦耐全陽，適合戶外斜坡、或樹冠下當成地被植物栽植。果徑不及1公分，果熟鮮紅色。耐寒性佳，台灣平地一般均易越冬；亦可耐貧瘠，並略耐乾旱，生性尚屬強健，一般初學者不難照顧。另有一矮生品種：*Asparagus densiflorus 'Compactus'* 較武竹之直立性更佳、少蔓性現象，盆栽時株型更討好。

▲優良地被

▶細長莖枝柔軟彎垂

松葉武竹

學名：*Asparagus myriocladus*
英名：Tree asparagus, Zigzag shrub

　　盆栽高度多30~60公分，露地栽培
生長多年後，株高可達1公尺以上。初
呈直立狀，後因莖枝抽長而略呈彎曲
狀，莖上簇生針狀的葉狀莖。新葉翠
綠，老葉濃綠，搭配銀灰色莖枝，頗適
合盆栽，但須略加修剪並立支柱，助其
株型整齊而雅觀。

　　耐寒性不佳，越冬時最好放置室
內。切葉後即使離水仍可維持多天之青
綠，若放水中其青翠綠意甚至可保持數
星期之久。

▶莖枝直立
　形似松樹

文竹

學名：*Asparagus setaceus*
　　　A. plumosus
英名：Fern asparagus, Lace fern evergreen

　　枝葉細緻，多年生常綠藤本，往昔
又名新娘草，早期新娘身著白紗禮服之
際，手中捧花一定少不了文竹做襯飾，
為往昔插花、製作花飾所不可或缺的切
葉植物，而今多為盆栽之觀葉植物。莖
初為直立，而後轉蔓生狀，枝長可達

5~6公尺。小花白色，花期夏季，花後
結出紫黑色、果徑0.6~1公分的小漿
果，果內有黑色種子數粒，可用以繁
殖。盆栽若放置室內，於夏日空氣乾燥
時，須注意紅蜘蛛危害，葉片會出現黃
化狀況，介殼蟲亦會危害，造成枝葉褐
化。另有較適合盆栽的文竹矮性簇生品
種：*A. sectaceus* 'Nanns' 及 *A.
setaceus* 'Compactus'，植株低矮簇
密，為直立性小型植物。

▶具互生平展的
　細緻小枝

Aspidistra

百合科

蜘蛛抱蛋屬之各種蜘蛛抱蛋均為常綠性、多年生之草本觀葉植物。原種產於中國大陸，斑葉、星點及旭日蜘蛛抱蛋等為園藝栽培品種，主要差異在於其葉色：蜘蛛抱蛋葉色濃綠富光澤，星點蜘蛛抱蛋之濃綠葉片布滿淺黃至乳白大小不一的斑點，斑葉蜘蛛抱蛋之暗綠至綠色葉面分布寬細不一的乳白色縱走斑條，另旭日蜘蛛抱蛋則僅於葉端出現乳白斑條。

株高50~100公分，地下部具根莖，芽、葉由此發生，故株型屬根出葉或簇生型。具有既長且細之硬挺葉柄，單葉，披針形，長40~75公分、寬6~15公分，葉基歪，革質，葉硬挺、面光滑，故英名為Cast iron plant，意為鑄鐵般的植物。主要以觀葉為主，亦會開花，花紫色，鐘狀，綻放於土面，但較不受注意。

切忌陽光直射，耐陰性佳，葉色愈濃綠者愈耐陰，室內遠離窗口之陰暗處亦可擺置其盆栽，陰暗角落須提供至少150呎燭光的人工輔助照明。斑葉或星點蜘蛛抱蛋之葉片具斑點或斑條，若放置光線陰暗處、或施予過多肥料，色斑會較黯淡，對比不明顯而較不美觀；於明亮非直射光處，則色澤明顯美麗而觀賞性高。

生長適溫7~30℃，生長較佳之日溫為20~22℃、夜溫10~13℃；耐寒性尚佳，其中以斑葉蜘蛛抱蛋之耐寒性稍差。

生性強健，對各種不良環境的耐適力頗高，可耐高溫、寒冷、濕土或乾旱，亦可容忍空氣污染及灰塵多的地方，放置在極度陰暗角落亦可殘存。因此頗適於一般人初次嘗試種植，較不易因一時疏忽而死亡。經驗不多者建議從葉面濃綠的蜘蛛抱蛋試種，較斑葉或星點等品種，具有較高的環境適應性，耐寒、耐旱又耐陰。斑葉種則較不耐寒，土壤水分多易發生根腐現象，光線亦須較明亮方生長良好，且葉色較美麗。

土壤不可常呈潮濕狀，每次澆水需待土壤已乾鬆，若仍濕黏無須澆水，土壤只須保持略為濕潤即可。盆缽若放置盛水盤，每次澆水後留滯的餘水最好倒掉。

每年3~10月為生長旺季，最好每2星期施加稀薄液肥1次，休眠期不必施肥。早春來臨，若植物生長已過於茂密，最好行分株繁殖，將匍匐生長的根莖，切成數段，每段必須保留葉片。害蟲須注意介殼蟲危害。

蜘蛛抱蛋

學名：*Aspidistra elatior*
英名：Cast iron plant, Barroom plant
別名：單葉白枝、飛天蜈蚣、一葉蘭
原產地：台灣、中國大陸、日本

　　株高60~90公分。葉深綠色，葉柄長，葉長披針形。總花梗長0.5~2公分，著生於葉基群間，型態似八腳蜘蛛在抱蛋而得名，8花被反捲，外側帶紫或暗紫色，內側下部淡紫色，裂片近三角形，前端鈍，邊緣和內側上部淡綠色，內側具4條肉質脊狀隆起，紫紅色；花絲短，花藥橢圓形，苞片3~4枚、寬卵形，淡綠色，偶具紫色細點。土壤以弱酸性為佳，可耐低溫。

旭日蜘蛛抱蛋

學名：*Aspidistra elatior* 'Asahi'

　　株高30~60公分。葉柄長，單葉叢生，葉長橢圓至披針形。繁殖期為春秋季。喜明亮的間接光源、溫暖陰濕的環境，生長適溫15~30℃，介質排水需良好，以砂質壤土為佳，施肥忌氮肥濃度過高，免葉斑褪色而失去觀賞價值。

▲中肋具一白色縱斑，葉端斑塊較明顯

▶葉柄長，直立生長

星點蜘蛛抱蛋

學名：*Aspidistra elatior* 'Punctata'
英名：Milky way iron plant
別名：灑金蜘蛛抱蛋、斑點蜘蛛抱蛋

　　葉倒披針形，青綠色，葉基歪斜。漿果球形、綠色。繁殖期春季。喜潮濕、半陰之環境，介質以疏鬆、肥沃的砂壤土為佳，切忌土壤積水，夏季可於葉面噴水，放置半陰處為佳。

▶葉面具黃、白色斑點

斑葉蜘蛛抱蛋

學名：*Aspidistra elatior 'Variegata'*

英名：Veriegated cast iron plant

別名：金線蜘蛛抱蛋、白紋蜘蛛抱蛋、
　　　嵌玉蜘蛛抱蛋、金錢蜘蛛抱蛋、
　　　金錢一葉蘭

　　根狀莖圓柱形，具節以及鱗片，匍匐生長。葉柄長5~35公分，青綠、墨綠色；單葉，直立生長，長25~50公分、寬6~10公分，葉端漸尖，葉基偏歪斜，全緣波浪狀。兩性花，花多單出，著生葉基間，總花梗長5~20公分，苞片3~4枚，其中2枚位於花的基部，淡綠色，偶具紫色細點，8花被鐘狀反捲。漿果球形，綠色。

◀葉柄細長而堅挺

▶葉寬披針形

▶葉面具多條白、
　黃色縱走斑條

狹葉灑金蜘蛛抱蛋

學名：*Aspidistra yingjiangensis 'Singapore Sling'*

原產地：泰國

　　株高1公尺，地下根莖匍匐生長。葉自根上抽生，葉柄不明顯，單葉直立叢生，葉線形細長，長90公分、寬5公分，深綠色，葉面具大量白、黃色斑點。喜明亮的間接光源，介質以疏鬆、肥沃的砂壤土為佳。

Chlorophytum

金紋草

學名：*Chlorophytum bichetii* cv.

葉長披針形，青綠色，葉緣黃色，外觀似白紋草，但葉緣之黃邊較白紋草之白邊寬，且白紋草的白邊會逐漸不明顯，但金紋草的黃邊僅會變白。花梗自葉基間抽生。繁殖採用分株法，適期為春夏季。喜明亮的間接光源，忌陽光直射。

▲小花白色，著生於花軸上

▲葉面具數條黃色條紋

寬葉中斑吊蘭

學名：*Chlorophytum capense 'Mediopictum'*

栽培種，植株較大型，葉輻較寬，葉面青綠色，長30公分以上，葉背偏白。耐寒性較差，冬日須加強禦寒。

▼葉面具多條白色縱走斑紋，葉緣深綠色

▲小吊株可用以繁殖

橙柄草、火焰吊蘭

學名： *Chlorophytum amaniense*
　　　　C. orchidastrum

英名： Fire flash

原產地： 東非

根狀莖短小，單葉自根際簇群叢生。葉披針形，青綠色，葉端漸尖，葉基長楔形，全緣波浪狀。穗狀花序，花萼內側淺綠色、外側淡褐色，具橙色條紋，白花3瓣，花藥橘黃色。蒴果，種子黑色。

▶中肋橘黃色

▼葉柄直立，橘紅至橘黃色

白紋草

學名： *Chlorophytum bichetii*

英名： St. bernard's lily

原產地： 熱帶西非

▼綠葉中夾雜著白斑條紋，小花白色

葉片細緻柔軟，適合小品盆景，放置桌台、花架之室內無直射光處，戶外亦可種在陰暗大樹下做地被、或沿邊階種植。頗類似鑲邊吊蘭之宿根性觀葉植物，與鑲邊吊蘭有下列幾點不同處，下頁以表格簡述，稍加注意頗易區分。

冬日少澆水，落葉後將萎葉摘棄，待來春生機恢復時，再適需要而進行分株或換盆，春暖之際充分供水，於短短幾天內，新綠葉片叢茂而另展新姿。

類似植物比較：白紋草與吊蘭

項目	白紋草	吊蘭
小白花	綻放於短而直立的花軸上	著生於走莖
葉片	葉片短而寬，紙質，較薄軟，葉長多 20 公分以下、寬 1~2 公分	細長，長 20~30 公分、寬 1~2 公分，革質硬挺
地下部	密生白色短胖的地下塊根	肉質粗根末端肥大
品種	品種較少	種類多，有中斑吊蘭、吊蘭及鑲邊吊蘭
耐寒性	耐寒性較差，冬季於室溫 15℃以下生長不良，葉片萎黃掉落，進入休眠	耐寒性較佳，台灣平地室內越冬幾乎不會落葉
繁殖法	分株	除分株外，用走莖的小吊株容易繁殖
走莖	無	具走莖，走莖前端著生子株

▶白紋草

◀吊蘭

白紋草分株法繁殖

1 將母株自盆缽移出

2 自根部將植株分成兩部分

3 各別種入不同盆缽

吊蘭、掛蘭

學名：*Chlorophytum comosum*

英名：Spider plant

原產地：南非洲

　　當其植株長大，於適當日照就會有許多子株（小吊株）爭先恐後探出花盆，向外垂懸，如同吊掛著許多小蘭花一般，因而得名。株高約30公分，但伸出的走莖長約30~60公分，適合吊盆，或將盆景放置在高腳花架上，好欣賞自然向下垂懸的小吊株。戶外無直射光處，亦可以作為地被植物大片鋪植，或沿路徑兩側線狀栽植。耐寒性佳，台灣平地越冬不難，耐陰且照顧容易。

　　吊蘭葉色純綠，觀賞性不高，鑲色品種之觀賞性較佳。但需注意的是鑲邊掛蘭及中斑掛蘭常會長出無斑紋的綠葉種，因綠葉為原種，生長勢較強，若放任綠葉生長，會越長越多，甚至超越鑲斑種而取代，因此一旦出現最好儘早摘除，免其持續強勢蔓生。

　　當水分供應失調，一陣子乾旱缺水，或冬日受寒害、施肥不當等，均可能造成葉尖黃化甚至褐變，發生時須將變色葉片摘除，讓它再長出漂亮新葉，並注意維護照顧，以減少此現象發生。

　　環境陰暗鬱悶潮濕時，易於根際或葉片叢聚處感染介殼蟲，發生初期立即噴藥殺滅，並用水沖、徒手摘除。吊蘭根粗，粗根末端肥大，生長多年與盆土糾結時，須予以換盆，同時修剪根群，免有礙日後生長。生長期間每月至少施用1次葉肥，葉色方美麗，不致萎黃而呈現營養不良面貌。

▲小白花綻放
　於走莖

◀走莖端會形
　成小植株

▶小花白色，6瓣，
　花藥黃色

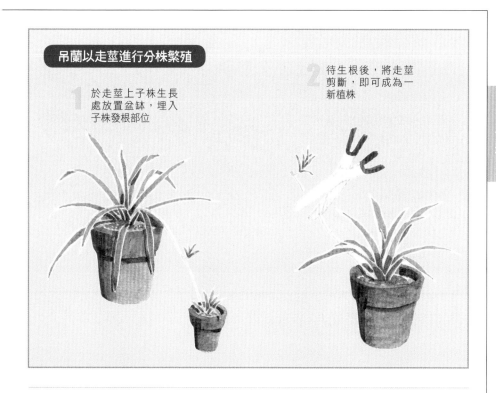

吊蘭以走莖進行分株繁殖

1 於走莖上子株生長
處放置盆缽,埋入
子株發根部位

2 待生根後,將走莖
剪斷,即可成為一
新植株

大葉吊蘭、間道掛蘭

學名:*Chlorophytum comosum 'Picturatum'*

　　植株大型,成株叢生
狀,走莖較少。葉長披針帶
狀、青綠色,近革質,寬約2公分,葉
端下垂,全緣波浪狀。花於走莖上綻
放,6花瓣,白色,花期夏季。喜明亮
的間接光源,土壤排水需良好。

▲葉面具多條白色條紋,
中肋之條紋較寬

鑲邊吊蘭、金邊吊蘭

學名：*Chlorophytum comosum* 'Variegatum'
原產地：非洲與亞洲的熱帶、亞熱帶地區

　　根狀莖匍匐生長，葉無柄，單葉叢生。綠葉緣鑲黃白邊，葉片較寬闊，葉長約25~40公分、寬約2~3公分，葉端下垂彎拱狀。花梗細長彎曲，花被輻射對稱，自走莖節處綻放，約1~6朵小白花，6卵形花被。蒴果。

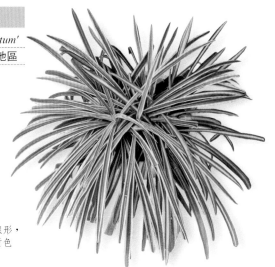

▶ 葉綠色線形，
葉緣淡黃色

中斑吊蘭

學名：*Chlorophytum comosum* 'Vittatum'

　　栽培種，株高約10~20公分。葉長披針形，青綠色，葉片較細長，葉長10~20公分、寬1公分。初夏，成株於葉叢中長出走莖，前端著生幼苗，亦即小吊株。走莖節上開花，6花瓣，白色。繁殖期春秋季，以分株繁殖為主，或將走莖節處壓入土中，待幼苗著根後剪離另植。需遮蔭忌強光直射，介質以富含有機質之砂質土壤為佳，排水需良好，生長適溫20~30℃，春夏之生育旺季，一旦發出綠色葉片儘速摘除，才能維持斑葉觀賞特性。

▲ 綠葉中肋處具白色斑紋

▶ 優良地被

Haworthia

大型玉露

學名：*Haworthia cooperi* var. *cooperi Major*

原產地：南非

葉厚肉質，青綠色，葉緣具細小鋸齒，葉端顏色較透明。以分株繁殖為主。喜通風良好之半陰環境，忌強光直射，光照過多葉色會轉灰褐，光照過少株型較

鬆散。對水分需求不高，用噴霧提高植株周邊空氣濕度即可。

▲開花

▼植株蓮座型

十二之卷

學名：*Haworthia fasciata*

英名：zebra plant

原產地：南非

植株蓮座型，莖粗短。葉劍形，葉面具白色小點，葉背具凸起橫白斑條，葉厚肉質，墨綠色。花梗細長，小白花筒狀，花瓣具綠、褐色斑紋，花期春、冬季。以枝插、芽插、葉插法繁殖，繁殖期為春秋季。喜陰涼之半日照環境，

日照過多易使葉片轉紅褐色，生長適溫15~25℃。

蜥蜴百合、黑蜥蜴

學名：*Haworthia limifolia* 'Black Lizard'

原產地：南非

植株葉片螺旋狀生長。葉劍形平展，厚肉質，墨綠色，葉面具翠綠色小點，葉緣內凹，葉基槽狀抱莖，葉背具凸出之不明顯橫紋。

Ledebouria / Scilla

日本蘭花草、縞蔓穗

學名：*Ledebouria cooperi, Scilla cooperi*

小型球根植物，單葉叢生，無葉柄，葉長披針形，青綠色，葉基紫褐色，葉面具5~7條深紫色縱線紋。總狀花序，花序梗較長，易下垂，小花紫紅色，中心部分翠綠色，7花瓣，花藥深紫色。

寬葉油點百合、麻點百合

學名：*Ledebouria petiolata*
　　　Drimiopsis maculate

原產地：南非

短莖肥大呈酒瓶狀，頂端著生3~5片葉。葉柄褐色，葉長卵心形，肉質，青綠色，葉端鈍，葉基心形，全緣微波。

▼葉面具不規則深褐色斑點

▲總狀花序，鐘形花，6花瓣，花期4、5月

▶葉面斑點有時不明顯

綠葉油點百合

學名：*Ledebouria socialis*
　　　Drimiopsis kirkii, Scilla paucei

英名：Spotted Scilla

原產地：南非

　　株高15~30公分，肥大肉質之白色鱗莖呈扁球狀。葉成簇彎曲生長，狹披針形，長15~25公分，光滑肉質，翠綠色，葉端銳尖，葉背灰綠色。總狀花序有20~40朵小花，綠色花梗細長，自鱗莖抽生，小綠白花頂生，6花被，6雄蕊，花期7~9月。可分株法繁殖。中度耐陰性（1000~3000呎燭光），溫熱環境（16~26℃），土壤常呈略潤濕狀生長較佳。

▲葉面散布濃綠色油漬狀斑點

紫背油點百合

學名：*Ledebouria violacea*
　　　Scilla violacea

英名：Giant squill, Measles leaf squill
　　　Lily of the valley, Silver squill

原產地：南非

　　株高10~15公分，每一鱗莖頂生3~5葉片。葉長5~10公分、寬2~3公分，肉質，銀綠色，具不規則深綠色斑點。小花基部聚合呈鐘形，6花瓣，花期春夏季。易生側芽，以分株法繁殖為主，除冬季外，其他時間皆適合。喜充足光照環境，光照充足之植株較為矮胖，光照不足則植株徒長、葉片軟垂，觀賞性降低。肥料需求不高，生長適溫20~30℃，低於10℃停止生長。

▼葉背紫紅色

▼小花綠色，雄蕊紫紅色

▼鱗莖肥大，紫紅色

◀總狀花序花梗自鱗莖頂端發生

圓葉油點百合

學名：*Scilla paucifolia*

　　鱗莖綠色肉質酒瓶狀，葉於莖頂呈蓮座狀生長。葉橢圓闊披針形，翠綠色，易生側芽，葉基環狀抱莖，葉端反捲。介質需排水良好以免爛根。

▲綠葉面具青綠至深綠色不規則斑點

Liriope/Ophiopogon

沿階草

學名：*Liriope spicata*
　　　Ophiopogon japonicas
　　　O. spicatus

英名：Snake's-beard
　　　Mondo grass
　　　Dwarf lily-turf
　　　Creeping liriope

別名：書帶草、山麥冬、麥門冬

原產地：日本、韓國

　　株高30公分，具地面走莖，且根端具塊莖。葉革質，長20~30公分、寬1公分，深綠色。花梗自葉叢中抽出，略高於葉頂，6花被，淡藍紫至淡紫色，每3~5朵簇生於苞片腋內，6雄蕊，花藥綠色，花期夏季。花後結出墨綠、深藍色之成熟果實，果期秋季。可播種，但一般多用分株法繁殖。喜溫暖濕潤環境，介質以疏鬆肥沃之砂質壤土為佳。

◀總狀花序，小花淡紫白色

▶花梗長25~65公分，花果共存

▶綠果3~5群聚著生

▼葉端銳尖

▼葉片窄線形，葉群叢生

斑葉沿階草、銀紋沿階草

學名：*Ophiopogon intermedius 'Argenteo-marginatus'*
O. intermedius 'Nanus'

英名：Silver blue grass

原產地：日本

　　隨時間植株叢生範圍將日漸擴大，株高20~30公分、幅徑30公分，根狀莖粗短，根細長，末端具小塊根。葉長15~55公分、寬0.2~0.8公分，線形葉，綠葉面具多條乳白色縱紋，較具觀葉性。葉端下垂彎拱狀。總狀花序之花梗長20~50公分，小花15~20朵，白、淡紫色，單生或簇生於苞片內，花絲短，苞片披針形，花期3~8月。漿果黑色，種子橢圓形，果期8~10月。喜明亮的間接光源，栽培介質以弱酸性較佳，耐旱且耐鹽，易栽培。

龍鬚草

學名：*Ophiopogon japonicus 'Sapphire Snow'*

　　葉線形細長，深綠色，具多條乳白色縱紋，葉端下垂彎拱狀，葉基二列狀抱莖。

Polygonatus

鳴子百合、斑葉萎蕤

學名：*Polygonatum odoratum* var. *pluriflorum 'Variegatum'*

英名：Solomon's-seal
King-Solomone's-seal

原產地：歐洲、亞洲

多年生、具根莖之草本植物，莖枝細長，自地際直立生長。幾無葉柄，葉橢圓形，長10公分、寬5~6公分，葉緣具不明顯之縱走白色斑條，葉端銳尖至鈍，葉基鈍圓，葉背灰白。筒狀花腋生，長1.5~2公分，6花瓣、6雄蕊，花具香氣，花期春夏季。繁殖多採用分株法。喜好冷涼環境，需避免強光直射，可容忍稍陰場所。盆栽之或做花材，只是台灣夏天平地濕熱高溫生長較差，冷涼環境較易栽培。

▶小花白色，前端帶綠色，多下垂

▼葉互生，翠綠色

▲莖紫褐色，略彎曲

Tricyrtis

台灣油點草

學名：*Tricyrtis formosana*

英名：Taiwan Toadlily

別名：石溪蕉、竹葉草、黑點草

原產地：台灣

多年生草本，莖白色略彎曲，全株疏被纖毛，株高40~80公分。葉無柄，單葉互生，葉倒披針形，亮綠色，葉基鞘狀抱莖，葉端銳尖，全緣。繖房花序，花喇叭狀，6雄蕊，花柱與柱頭同長，花期9~11月。花後結蒴果，長2~4公分，3稜長柱狀，種子小，直徑2.5~3.5公分。

▲花被白紫色，散布紫紅色斑點

竹芋科
Marantaceae

多年生常綠草本植物，原產於熱帶美洲及非洲。多具地下根莖，根系淺而橫生，根出葉，植株多不高大。葉片叢生狀，單葉，全緣，羽狀側脈，葉柄基部鞘狀抱莖，莖與葉片接合處具膨脹葉枕，可調節葉片之角度，減少水分喪失。多具觀葉性，葉片展現美麗的色彩，且幼葉至老葉常呈不同層次色彩，以及斑紋、斑條等多種變化。兩性花多小而不顯著，僅少數具觀花價值。漿果或蒴果。葉片斑紋色彩常美麗且有趣，葉片多會呈現所謂的睡眠運動，夜間摺合、清晨展開。生長多緩慢，養護工作並不繁重，初學者亦可嘗試。

竹芋科的繁殖與養護
光線

頗耐陰，適於室內擺置美化環境，卻忌強烈直射光線，間接的散射光或濾過性光均可，人工光線亦生長良好。卻不可驟然由室內移置戶外，任由陽光強烈曝晒，易罹患日燒病，葉面如燒焦般而乾枯褐變，病葉不會復原。若發生此現象，立即移入室內窗邊無直射光處，並將枯焦葉剪除，待其發出新葉後，就得回復往昔面貌。放置室內陰暗處，葉面色彩暗淡不美而缺乏生氣，因此，較佳位置還是近窗口較明亮處，每日至少有4小時微弱日照，葉色越深者較耐低光。

濕度

每年3~10月為生長旺季，喜好高濕度（70~80％）的空氣環境，尤其當新葉抽出之時，若過於乾燥，新葉之葉緣、葉尖較易枯捲，導致日後葉片伸展不良。土壤須勤於澆水，常保持稍潤濕狀，較有利植物生長。另外可經常予以葉面噴霧，盆缽下亦可放置水盤，留蓄淺水於盤內，可不斷蒸發水氣，提供植株濕潤空氣環境，但切忌盆土經常呈粘濕狀。休眠期間須減少供水，氣溫愈低，盆土愈需保持乾燥，植株較不易受寒害。

溫度

竹芋喜好溫暖（16~26℃），冬日不可低於12℃，溫度過低之寒冬，需將植物移至無風、較溫暖之室內越冬。

盆缽

根系較淺且常橫生，適合種植於淺盆缽。若使用深盆，盆缽下部需填充礫石，徑1公分或更小者，以利排水。隨植株長大，每年換植於較大些的盆缽，4月適宜。非直立性之匍匐擴展型植株，可種於吊缽或淺盆，使其枝葉向盆缽外舖垂。

土壤與肥料

喜好弱酸至中性之多孔性粗介質，排水通氣較佳。可用泥炭土、珍珠砂及砂質壤土，以1:1:2攪拌均勻使用，其內再加入有機廄肥，如市售牛糞、雞糞等，以及緩效性之化學肥料。生長旺季至少每2星期施用稀薄液肥1次。

病蟲害

病害不多，土壤過濕植株易得莖腐病而死亡。害蟲須注意一般性的蚜蟲、紅蜘蛛、介殼蟲、薊馬等。只要給予適合的栽培環境，注意空氣流通，保持適當濕度，即可減少蟲害侵襲。

▶魅得瓏竹芋
（*Calathea 'Medaillon'*）

繁殖

　　竹芋一般多使用分株法繁殖。於每年晚春初夏期間，將生長茂密的老株掘出後，分割地下根莖，每段僅留1~3支蘗芽即可，分切後立即上盆填土並澆水，放置於陰涼處一週後，再漸漸移至日照良好處。

其他

　　為顯現葉面美麗的斑紋及色彩，每個月至少1次，用海綿或細紗布沾水擦拭葉面以去除灰塵，讓葉面自然光澤再現。勿使用蛋清，太濃的蛋清擦塗葉面，雖可立即顯出濯濯光澤，卻有礙葉面呼吸。

竹芋多以分株法繁殖

1. 成株自盆缽中移出

2. 小心地將葉、根，連同其土球分切

3. 土球外側包裹較疏鬆之介質，如泥碳土、水苔、蛇木屑等

4. 植入新盆缽，並填滿排水良好且富含有機肥之介質

竹芋之葉形、葉色豐富多變化

▲豹紋竹芋

▲紅裏蕉　　▲銀羽斑竹芋　　▲紅背竹芋

▲小竹芋　　　▲雙色竹芋　　　▲黃苞竹芋花序

▲黃斑竹芋　　▲黃苞竹芋　　▲安吉拉竹芋　　▲馬賽克竹芋

▲麗葉斑竹芋　　▲紫背天鵝絨竹芋　　▲貓眼竹芋

竹芋之葉形、葉色豐富多變化

▲女王竹芋　　　　　▲羅氏竹芋　　　　　▲翠錦竹芋

▲白紋竹芋　　▲箭羽竹芋　　▲紅羽竹芋　　▲綠道竹芋

▲孔雀竹芋　　　　　▲青蘋果竹芋

▲斑馬竹芋　　　　　▲多角竹芋　　　　　▲銀道竹芋

Calathea

本科較大的一屬，原產地在熱帶美洲，巴西、秘魯、薩爾瓦多等地。革質葉片多平滑無毛茸，具蠟質光澤，全緣或波狀。

穗狀或圓錐花序，根出花梗自葉叢中抽生，小花群聚呈頭狀花球。具苞片，不規則對稱，3萼片，花冠3裂，有稔雄蕊1，不稔雄蕊3，子房下位，3室，果實內有3粒種子。

翡翠羽竹芋

學名：*Calathea albertii*

株高90公分。葉片橢圓形，綠葉面中肋與羽脈呈黃色斑紋，葉背暗紫紅色。

銀竹芋

學名：*Calathea argyraea*

橢圓形葉片，暗綠色葉面具銀灰色羽狀細條紋，葉背紫紅色。總狀花序，花期6~8月。較耐低溫。

白紋竹芋

學名：*Calathea arundinacea 'Variegata'*

　　葉長橢圓形，長30～40公分、寬10～12公分，深綠色葉片，沿羽狀脈具不規則之白色斑紋，葉柄直立細長，長50～60公分。

▲每一葉片色彩變化不同　　　　　　▲株高40～100公分

羽紋竹芋

學名：*Calathea bachemiana*

　　葉狹披針形，長20公分，葉面銀綠色，中肋兩側具披針狀綠色條斑，葉緣綠色。

美麗之星竹芋

學名：*Calathea 'Beautystar'*

　　暗綠葉面之中肋兩側整齊排列著淺綠色羽狀斑條，並偶布白、粉紅色羽狀細線條，葉背及葉柄紅褐色。

▲葉面有白線條

麗葉斑竹芋

學名：*Calathea bella*
　　　　C. kegeliana, Maranta kegeliana

　　株高45公分。葉柄細長有力，長15公分；葉卵橢圓形，長30公分、寬13公分，厚革質，銀灰色葉面，具兩側不對稱之青綠色羽狀細斑條，中肋與葉緣亦青綠色。

麗斑竹芋、斑竹麗葉竹芋

學名:*Calathea bella*

硬鐵絲狀之葉柄長15公分，葉闊披針形，長30公分、寬13公分，葉色類似麗葉斑竹芋，只是羽斑條較粗。

▶葉端扭曲

▲葉基淺歪心形

科拉竹芋

學名：*Calathea 'Cora'*

株高90公分，葉片中肋淺綠色，具長短不一之深綠色羽狀斑條，深綠色寬葉緣，葉背及葉柄紫紅色。

▲葉面波浪狀凹凸不平

黃苞竹芋

學名：*Calathea crocata*

英名：Gold star

　　株高約30公分，葉橢圓形，長12～15公分、寬7公分，葉面深橄欖綠、葉背紅褐色。穗狀花序，花梗紫紅色，花期冬至春季。葉、花均具觀賞價值。

◀苞片鵝黃色、尖淺綠色

多蒂竹芋

學名：*Calathea 'Dottie'*

　　株高30～60公分、幅徑60公分。葉長12公分、寬10公分，葉柄長7公分，葉鞘長5公分，可彎曲。夜間葉片保持直立，白天葉片呈水平狀或斜展。葉中肋以及近葉緣處具一圈亮白或粉紅色連續帶狀斑紋，葉背紫紅色。夏秋季開白花。

青紋竹芋

學名：*Calathea elliptica 'Vitatta'*

　　葉披針形，青綠色葉面、具平行互生之白色羽狀雙條紋。喜高溫、多濕、半陰環境，空氣濕度需70%以上，常向葉面噴細水霧，以保持葉片挺立，生長適溫18~25℃，低於15℃易受寒害。

銀紋竹芋

學名：*Calathea eximia*

　　葉長橢圓形，深綠色葉面，羽脈布平行走向之銀色條斑由中肋直至葉緣，葉背紫紅色。總狀花序，管狀花，花期6~8月。可耐低溫。

青蘋果

學名：*Calathea orbifolia*
          C. rotundifolia

　　株高30~60公分。葉圓腎形，綠葉面之羽側脈間具銀白色條紋，中肋銀白色，葉長30公分。穗狀花序。較不耐寒。

▶葉柄長而有力地
　支撐大圓葉

▼葉片平展狀

▲葉中肋凹陷，
　側脈隆起

▼類似植物：圓葉竹芋、
　綠蘋果（*C. fasciata*）

▶綠蘋果葉背紫紅色

180

貝紋竹芋

學名：*Calathea fucata*

　　植株小型。葉面之羽狀脈以銀綠與深綠色不規則交織而成，葉基歪斜，中肋黃綠色，葉背紫紅色。圓錐花序頂生。

黃裳竹芋

學名：*Calathea 'Jester'*

　　葉披針形，葉緣波浪狀，深綠色葉面、不規則分布金黃色斑紋，葉長20公分，葉背淺紫色。總狀花序頂生，小花白色。

海倫竹芋

學名：*Calathea 'Helen Kennedy'*

　　株高30公分。葉寬橢圓形，葉緣深綠色，中肋黃綠色。穗狀花序頂生，小花黃色。

▲暗綠葉面整齊分布灰綠筆刷般斑塊

▼葉背紫紅色

箭羽竹芋

學名： *Calathea insignis*
　　　C. lancifolia

英名： Rattlesnake plant

　　株高可達1公尺，葉片多向上呈直立性伸展。葉橢圓至披針形，長30~40公分、寬5~10公分，葉面黃綠色，沿側脈規則地交互分布著大小不一的橢圓形墨綠色塊斑，葉緣波浪狀。

◀株型與葉色
優美的盆栽

▶葉背紫紅色

翠錦竹芋

學名： *Calathea leopardina*

別名： 熊貓竹芋、愛雅竹芋、優雅竹芋

　　株高約40公分。葉卵披針形，長15公分、寬5公分，翠綠葉面近中肋兩側、羽狀分布深橄欖綠之長卵形斑條，葉背色淺綠、泛銅紫暈彩。總狀花序以穗狀排列，小花淡黃色。果初為綠色、熟轉褐色。因葉色鮮麗明度高，盆景宜放置於光線較明亮之窗邊。

◀葉色亮綠，
光滑蠟質

▲葉片由翠綠
色長柄支撐

林登竹芋

學名：*Calathea lindeniana*

　　株高100公分。葉柄長且直立，單葉互生，卵橢圓形葉，深綠色帶有紫暈彩斑帶，近中肋與葉緣呈淺綠色、葉背較紫紅。總狀花序，管狀花黃色，花期6~8月。可耐低溫。

◀葉面

◀葉背

女王竹芋、白竹芋

學名：*Calathea louisae 'Maui Queen'*

　　株高90公分。葉卵橢圓形，長15~30公分，濃綠色葉面，中肋兩側、沿羽脈具銀灰淺綠色短筆刷斑條，葉背紫紅色。穗狀花序長約6公分，苞片淺綠色，小花黃或白色。

羅氏竹芋、蓮花竹芋

學名： *Calathea loeseneri*

　　株高30~50公分。葉長橢圓至卵橢圓形，長15~20公分、寬5~8公分，綠色葉面光滑，葉基歪。熱帶地區全年開花，穗狀花序呈圓球狀，約5公分，花梗短，小花黃色。喜溫暖陰濕環境。

▼細長葉柄直出

▼葉背淺綠、中肋黃綠色，羽脈深色

▼葉中肋呈白色紋帶

▼*C. loeseneri* 'Lotus Pink' 具大型粉紅色苞片，其中著生白色小花，具觀花性

▲粉花

泰國美人竹芋

學名：*Calathea louisae 'Thai Beauty'*

　　株高30公分。葉披針形，黃綠色葉面、夾雜深淺不一之綠斑，位置亦不固定，葉背淺紫色。

雪茄竹芋

學名：*Calathea lutea*

　　株高可達3公尺，灰綠葉面具長柄，葉背銀白、布臘粉，用以反射強光，以避免葉片灼傷。棍棒狀花序長30公分，外型如雪茄，由兩排褐色苞片組成，可供切花觀賞；小花黃色，自苞片中伸出，小而不顯眼。植株優美，作為大型盆栽觀賞植物。

白羽竹芋、線紋大竹芋、慧星竹芋

學名：_Calathea majestica 'Albo-lineata'_

　　株高可達1.5公尺。葉柄長，葉背紫紅色，葉長橢圓形，綠葉面之中肋兩側沿羽狀側脈密布白色平行斑紋，葉緣綠色。

金星竹芋

學名：_Calathea majestica 'Goldstar'_

　　葉橢圓至披針形，葉面深綠色，中肋兩側之羽脈呈金黃色條紋。

綠道竹芋

學名：*Calathea majestica 'Princeps'*

　　株高可達90公分，葉長橢圓形，淺綠色葉面之羽脈、葉緣與中肋呈墨綠色，幼葉色彩較老葉對比明顯，葉背紫紅色。總狀花序，小花對生，花冠圓筒柱狀。冬季需充足日照，生長適溫15~25℃。

大紅羽竹芋

學名：*Calathea majestica 'Sanderiana'*

　　株高20~30公分。較紅羽竹芋之葉面更加寬闊，葉面墨綠色，闊歪卵形，葉面兩側具斜上、互相平行的乳白、粉紅色線條，葉背紫紅色。

紅羽竹芋

學名：*Calathea majestica 'Roseolineata'*
C. ornate, C. ornata 'Roseo-lineata'
C. princeps

別名：紅條斑飾竹芋、紅紋竹芋、飾葉肖
竹芋、紅羽肖竹芋

　　葉長橢圓至闊披針形，長20~30公
分、寬5~10公分，橄欖綠葉面，沿羽
側脈平行分布著玫瑰紅斑條，葉背紫紅
色。穗狀花序。蒴果，堅果狀，球形。
耐寒，不耐乾旱。

▲長葉柄、直立撐
　起大型葉片

◀葉背紫紅色

▲老葉斑條
　轉白色

▲葉色多變化，
　新葉泛紅

孔雀竹芋

學名：*Calathea makoyana*

英名：Peacock plant

株高30~40公分，甚至可高達90公分，具塊狀根莖。細長葉柄紫紅色、披白色茸毛。葉卵橢圓形，長30公分、寬10公分，全緣，淺綠色葉面之羽狀側脈及葉緣深綠色。夜間，從葉鞘至整個葉片，均呈向上抱莖狀，如同睡眠狀態，於翌晨陽光照射後再次開展。不耐寒，生長最低限溫7℃，越冬溫度偏低時葉片易卷曲。

▼葉背塊斑紫紅色

▲葉面中肋兩側分布長短不一之橄欖綠色條斑

迷你竹芋

學名：*Calathea micans*

小型植株，株高5~8公分。單葉互生，葉卵形，葉面墨綠色，中肋具銀白色短斑連續性帶紋。總狀花序，漏斗狀花白色，花期6~8月。生長最低限溫1℃。

羊脂玉竹芋

學名：*Calathea micans 'Grey-green Form'*

葉橢圓形，淺綠色，具朦朧之綠色羽狀斑紋，因葉面光澤和質地如羊脂玉般，故名之，葉背銀白色，羽脈深綠明顯。花白、淺紫色。

翠葉竹芋

學名：*Calathea mirabilis*

植株矮小，株高30公分。葉橢圓形，葉基歪，葉面銀綠色，中肋兩側沿羽狀側脈分布深綠色斑紋，斑紋近對生，葉緣深綠色，葉背灰綠色。

馬賽克竹芋、網紋竹芋

學名：*Calathea musaica*

黃綠色的長葉柄，葉緣波浪狀，葉面不平整。長橢圓形葉、色亮綠。花白色，圓錐花序，花少且不明顯，花柄短，蒴果。

▼葉面具細密之
　網格狀紋路

▲葉緣波浪狀

銀道竹芋、銀脈肖竹芋

學名：*Calathea picturata 'Argentea'*
　　　Calathea × Cornona

株高45公分。葉柄直立，長25公分。葉橢圓形，長15公分、寬8公分，中肋黃綠色。花穗長10公分，瘦長形。蒴果，果熟呈褐色。

▶葉背紫紅色

▶銀灰色葉面、
　葉緣深綠色

▶葉柄紫紅色

貓眼竹芋

學名：*Calathea picturata 'Vandenheckei'*

株高50公分、幅徑50公分。葉面平展，長8~13公分，深綠色，近葉緣有一圈橢圓形的白色斑環，中肋銀灰色寬斑條，葉柄及葉背紫紅色。花白色、漏斗狀。

安吉拉竹芋

學名：*Calathea roseopicta 'Angela'*

　　株高30公分、幅徑45公分。葉卵形，葉身中央分布著深綠、淺綠相間之條紋，近葉緣有一圈橢圓形的白色斑環，葉柄紫紅色、葉緣深綠色，生長最低限溫10℃。

▼葉面常泛粉紅色暈彩

▼葉背紫紅色

▶葉面平整富光澤

辛西婭竹芋

學名：*Calathea roseopicta 'Cynthia'*

　　葉橢圓形，深綠色，中肋銀白色，葉緣鑲闊白邊，葉面偶泛粉紅色，葉柄及葉背紫紅色。總狀花序頂生，小花白色。半日照佳。

彩虹竹芋

學名：*Calathea roseopicta 'Illustris'*

英名：Calathea roseopicta

　　株高30~60公分。葉柄長30公分，葉橢圓形，長30公分、寬20公分，葉基歪，葉面平滑富光澤，濃橄欖綠色，中肋粉紅至淺綠，近葉緣處有一圈橢圓形的粉白色斑環。生長緩慢，耐寒力差。

◀葉柄紫紅色　　▶葉背紫紅色

公主竹芋

學名：*Calathea roseopicta 'Princess'*

　　葉卵橢圓形，深綠色葉，近葉緣有一圈白色圓形斑紋，中肋白色。生長最低限溫15℃。葉片類似貓眼竹芋，只是公主竹芋之葉片較寬、中肋白斑條較細，近葉緣之白色條斑呈鋸齒狀。

紅背竹芋、浪羽竹芋、浪心竹芋

學名：*Calathea rufibarba*

英名：Furry feather calathea

　　株高50公分，葉柄紫紅色披細毛，葉長披針狀，橄欖綠色、中肋黃綠色，長20公分。圓錐花序，花冠管圓柱狀，黃色，叢生於植株基部，3苞片紫色，花期春季。

▼葉全緣波浪狀

▲葉面光滑富光澤，
　羽狀細側脈深綠色

◀葉背紫紅色、
　密布細毛

藍草竹芋

學名：*Calathea rufibarba* 'Blue Grass'

　　株高50公分，全株綠色披細毛。葉長披針形，翠綠色。小花金黃色，叢生於植株基部，花期春季。喜溫暖濕潤之半日照環境。

毛竹芋

學名：*Calathea sp.*

　　全株被白色細毛。葉柄粗壯直立、黃綠色，葉橢圓形，深綠色，平展，中肋黃綠色，淺綠色羽脈間凹陷。白色花序頂生，小花白色。

皺葉竹芋

學名：*Calathea sp.*

　　葉狹披針形，墨綠色，中肋凹陷白綠色，葉背紫紅色，葉緣波浪狀，葉面隨羽狀側脈凹凸起伏。

黃肋竹芋

學名：*Calathea sp.*

　　葉柄直立細長，葉橢圓形，墨綠色，中肋黃綠色，葉背灰綠白色、偶披紫色暈彩。穗狀花序，小花黃色。

條紋竹芋

學名：*Calathea sp.*

　　葉橢圓形，銀綠色葉面，由中肋至葉緣密布深綠色羽狀斑條，中肋黃綠色。

方角竹芋、鳳眉竹芋

學名：*Calathea stromata*
　　　Ctenanthe burle-marxii

　　葉柄紫紅色，葉長12公分、寬4公分，淺綠色，薄革質，近長方形，葉端截形具突尖。

▼葉中肋兩側具魚骨狀排列
　之深綠色斑條

▲葉背紫紅色，
　葉脈明顯

▶植株低矮，葉片
　多平展下垂

波緣竹芋

學名：*Calathea undulata*

　　植株矮小，株高30公分。葉卵形，
墨綠色，銀綠色中肋具鋸齒狀短突紋，
葉背紫紅色。總狀花序，管狀
花白色，苞片綠色，花期6~8
月。生長最低限溫-7℃。

脊斑竹芋

學名：*Calathea varigata*

　　葉柄細長有力，葉長橢圓形，綠葉
中肋兩側有脊柱狀的深綠色斑紋，葉背
紫紅色。總狀花序，管狀花，花期6~8
月。生長最低限溫-7℃。

紫虎竹芋

學名： *Ctenanthe burle-marxii 'Purple Tiger'*

葉近矩形，青綠色，具鐮刀形的深綠色羽狀斑紋，葉背紫紅色。

錦斑櫛花竹芋

學名： *Ctenanthe lubbersiana*

株高60公分，葉長橢圓近長方形，長25公分、寬8公分，淺綠色，葉端短突尖，葉背色較淺。沿羽側脈交雜著濃綠至乳黃色之塊斑，圖案瑣碎不規則。

櫛花竹芋

學名：*Ctenanthe lubbersiana 'Bamburanta'*

　　株高70公分、幅徑60公分，葉近矩形，葉端鈍、具短突尖。小花白色。喜濕潤、排水良好之腐殖質土壤。

▲葉面具深、淺綠交錯之羽狀斑紋

▼莖如竹子般分枝

▶葉柄基部鞘狀抱莖，莖與葉片接合處具膨脹葉枕

黃斑竹芋

學名：*Ctenanthe lubbersiana 'Happy Dream'*

　　株高60公分，莖枝分叉狀，黃綠色，小枝之莖葉常分布於同一平面，如扇狀開展。葉近矩形，綠色，長20公分、寬8公分，葉面沿側脈具不規則黃色塊斑，葉背淺綠色。總狀花序球形，小花白色。

銀羽斑竹芋、銀羽竹芋

學名：*Ctenanthe oppenheimiana, C. setosa*

　　株高90公分，可高達2公尺，具直立性走莖，走莖末端叢生葉片。葉柄和葉鞘有毛，葉披針形，長45公分、寬12公分，暗綠色，葉緣深綠色。總狀花序，花序柄長10公分，花成對，長7公分。

▲葉面沿側脈分布10~12對
　銀灰色羽狀斑條

◀葉背紫紅色

▲類似植物：銀星竹芋
　（*C. setosa 'Grey Star'*）

錦竹芋

學名：*Ctenanthe oppenheimiana 'Tricolor'*
英名：Never-never plant

　　葉柄與葉片接合處具膨大葉枕，紫紅色，撐持葉片呈90°角，葉近矩形，長30公分、寬5公分。喜較強光照，耐寒力較差。

▶葉背紫紅色

▶綠葉面具乳白色
　羽狀條斑

Donax

蘭嶼竹芋、戈燕、竹葉蕉

學名：*Donax canniformis*

英名：Canna like Dona

原產地：雲南、廣東、臺灣蘭嶼

株高1~3公尺，莖分枝之基部有一舌狀苞片，葉著生於分枝上部。葉鞘抱莖，葉柄和葉鞘布毛茸，葉卵長橢圓形，長10公分、寬5公分，葉端突尖，羽狀脈明顯，全緣。圓錐花序，花成對頂生，苞片長，萼片短。蒴果球形，徑1.2公分，平滑不開裂。

▶小花白色

▲葉翠綠色，側脈隆起

▼單葉互生

▲莖如竹狀分枝，葉片下垂

Maranta

常綠宿根草本植物，原產於美洲熱帶。地下部有塊狀根莖，葉基生或莖生，葉片常具美麗色彩。與竹芋不同處為子房3室，雄蕊退化為1枚花瓣狀，短總狀花序或球狀花序，不分枝。性喜溫暖濕潤及半陰環境，夏季高溫季節需注意遮蔭降溫，生長適溫15~25℃，冬季需充足光照，喜肥沃疏鬆土壤，可用腐葉土、泥炭土和砂土混合，冬季溫度不低於7℃。

竹芋

學名：*Maranta arundinacea*

別名：葛鬱金、金筍、粉薑、藕仔薯

全株披細毛，根狀莖肉質，白色棍棒狀，上端紡綞形，長5~15公分，含澱粉可食用。葉柄長，葉卵披針形，長30公分、寬10公分，全緣。總狀花序頂生，花冠白色。堅果褐色，長0.7公分，花果期夏、秋季。

● 類似植物：紅竹芋，葉片中肋、葉柄、葉鞘以及塊莖均為紫紅色。
● 類似植物：白紋竹芋（*M. Arundinacea 'Variegata'*），葉片不同處乃具有白色斑紋。

▲類似植物：白紋竹芋

▶類似植物：紅竹芋

▲株高40~100公分

豹紋竹芋

學名：*Maranta bicolor, Calathea bicolor*
M. leuconeura var. *kerchoveana*

英名：Prayer plant, Rabbit's tracks

　　生長緩慢，植株不高，僅20~30公分。葉橢圓形，灰綠色，長15公分、寬8公分，葉背銀灰綠色，晚間葉片會向上聚攏閉合，似祈禱之手，故英名為Prayer plant。小花白色對生，具紫色斑條，花期春、夏季。

● 類似植物：小豹紋竹芋（*M. depressa*），特色是葉片較小，葉面豹紋斑塊較少。

▼葉面斑塊如兔子腳印，故英名為 Rabbit's tracks

▲小豹紋竹芋葉片

▶葉面中肋兩側具5~8大小不一之褐色塊斑

▶小豹紋竹芋開花

▲葉片如祈禱的手

▶小豹紋竹芋為小葉品種，葉面褐色斑塊較少

花葉竹芋

學名：*Maranta cristata*

　　葉橢圓形，沿中肋具骨狀淺灰綠色羽斑，塊斑間凹槽呈深綠色。小花白色。類似豹紋竹芋，不同處在於其綠葉面之中肋附近為淺灰綠色。

金美麗竹芋

學名：*Maranta leuconeura 'Beauty Kim'*

　　豹紋竹芋之黃斑葉品種，不同處乃其葉面側脈間不規則散布黃綠色塊斑、斑點等。株高60公分。葉橢圓形，綠色蠟質。喜溫暖潮濕，濕度不足會導致葉面枯黃，生長較緩慢。

雙色竹芋、銀道白脈竹芋

學名：*Maranta leuconeura* 'Emerald Beauty'
　　　M. leuconeura 'Massangeana'
　　　M. leuconeura sp.

　　葉橢圓形，長15公分、寬10公分，中肋具寬骨狀淺灰綠色寬斑條，約間隔3~4條側脈，即有一側脈呈白色細斑條延伸至葉緣。

白脈竹芋

學名：*Maranta leuconeura* var. *leuconeura*

　　株高30公分。葉橢圓形、深綠色，羽狀側脈走向有銀白色細長斑條至葉緣，中肋另有短銀白色斑條，葉背紅紫色。小花白色。耐乾旱，需水量少，約1~2週澆一次水即可，生長最低限溫15℃。

紅脈竹芋

學名：*Maranta leuconeura 'Erythrophylla'*
M. leuconeura var. *erythroneura*
M. tricolor

英名：Red-vined prayer plant
Red-vein maranta, Red nerve plant
Banded arrowroot

別名：紅脈豹紋竹芋、紅豹紋蕉

莖叢生狀。葉鞘抱莖，葉柄短且有翅翼，葉橢圓形，橄欖綠色，長10公分、寬6公分，中肋紅色，中肋兩側有銀綠之鋸齒狀塊斑，羽脈間具深綠色塊狀斑紋，似鯡魚骨狀之花紋。纖形花序，花冠筒形，小花白或淡紫色，具紫色斑點，3花瓣，端部心狀裂。蒴果球形。

▼植株低矮鋪地，
葉片平展

▲羽狀側脈鮮紅色

▶葉背紫紅色

小竹芋

學名：*Maranta lietzei*

　　株高60公分，葉長22公分，卵披針形，深綠色葉面、具淺綠色羽狀斑紋，全緣波浪狀，葉背披紫色暈彩。總狀花序，花白色頂生。母株上會發生直立性走莖，走莖末端叢生小葉片，可分株另成一新植株。

▶走莖繁殖

曼尼蘆竹芋

學名：*Marantochloa mannii*

　　植株直立，株高可達4公尺。葉披針形，長25公分、寬14公分，莖、葉柄以及葉背紅褐色，綠色葉面，中肋凹陷而側脈隆起，隨光影而呈現不同色彩變化。圓錐花序長40公分，多分枝，小花白至粉紅色，左右對稱，長0.7公分。果紅色，富光澤，種子褐或灰黑色。

Phrynium

斑馬柊葉

學名：*Phrynium villosulum*

原產地：馬來西亞至婆羅洲和蘇門答臘

　　株高2公尺，具地下根莖。葉柄直立細長，葉面綠色、分布羽狀深色斑條，葉片下垂狀。總狀花序，小花白色，花萼紅色。喜潮濕土壤。

Pleiostachya

小麥竹芋

學名：*Pleiostachya pruinosa*

英名：Wheat calathea

原產地：中美洲

　　株高1.5~3公尺。葉柄直立細長，淺褐色，葉長橢圓形，青綠色，葉背紅褐色。花序外形似小麥而得名，花紫色，苞片淺綠色，花謝後呈禾稈色，披白色長毛。喜稍遮蔭之環境。

　　株高30公分。葉柄黃綠色，基部具葉鞘，葉長橢圓形，綠色葉面之中肋分布著近於對生之深綠色羽狀斑條狀如八字。總狀花序頂生。果橢圓形，熟會開裂。

● 類似植物：穗花柊葉（*S. jagorianum*）。

Stachyphrynium

八字穗花柊葉

學名：*Stachyphrynium repens*

原產地：亞洲

▼八字穗花柊葉

▼▶穗花柊葉

Stromanthe

　　原產熱帶南美洲。多具地下根莖，亦具地上部莖枝，葉片在莖枝上呈二列狀，具長葉柄。總狀或圓錐花序，花軸長、曲折狀，具暫存性多彩苞片，小花3裂，花筒短，1有稔雄蕊，4小型無稔雄蕊。

紅裏蕉

學名：*Stromanthe sanguinea*

　　株高可達150公分。葉長橢圓形，長40~50公分、寬8~15公分，葉面沿羽側脈波浪起伏，色彩亦隨之變化。總狀花序頂生，常於冬日綻放花朵，色彩鮮艷，具觀花性。花梗長30公分，綠色並帶紫紅色，具數多且密集之白色小花。

▼葉背紫紅色

◀蠟質苞片及萼片
　均為櫻桃紅

▼葉面暗綠色，
　中肋淺綠色

◀類似植物：花斑彩虹竹芋
　（*S. thalia*）

213

紫背錦竹芋

學名：*Stromanthe sanguinea 'Triostar'*
S. sanguinea 'Tricolor'
Ctenanthe oppenheimiana
'Quadricilor'

別名：豔錦竹芋、彩葉竹芋、三色竹芋、
斑葉紅裡蕉

　　地下根莖叢生。具明顯葉柄，柄基成鞘狀，長橢圓披針形葉，全緣微捲。總狀花序頂生，花序梗長，自葉叢中抽生，花冠白色。蒴果初為綠色，熟轉褐色。

▲小花穗狀排列，色彩鮮艷，具觀花性

▼葉背紫紅色

▲葉面墨綠、淡綠、乳白、淡粉紅、玫瑰紅等色彩塊斑夾雜，偶有羽狀斑點

Thalia

水竹芋、水蓮蕉、再力花

學名：*Thalia dealbata*

原產地：美國南部和墨西哥沼澤

　　株高2公尺，具地下根莖。葉柄細長直立，葉卵披針形，長20~40公分、寬10~15公分，藍綠色，披白粉。

　　圓錐花序，細長花莖可高達3公尺，數量多之紫色小花，花冠淡紫色，苞片粉白色穗狀，花期7~9月，外形似美人蕉。

　　喜溫暖多濕，日照及排水良好之環境，耐半日照以及高溫。為挺水植物，適室內水景。

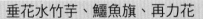

垂花水竹芋、鱷魚旗、再力花

學名：*Thalia geniculata*

原產地：熱帶美洲

　　多年生挺水性水生植物，株高2~3公尺，具地下根莖。葉柄頗長，葉鞘抱莖，單葉互生，葉三角狀披針形，長20~40公分、寬15公分，青綠色，葉面被白粉。

　　穗狀圓錐花序，花莖細長彎垂，長達3公尺，花序軸呈Z字形，花紫色被纖毛，苞片粉白色、被細茸毛，花期5~9月。果實近橢圓形，熟時褐色，果期8~10月。

紅鞘水竹芋

學名：*Thalia geniculata 'Red-Stemmed'*
原產地：熱帶美洲

　　株高2公尺。葉柄頗長，葉鞘暗紅色，葉片三角狀披針形，長75公分、寬25公分，蠟質，葉背淺綠色。

　　花序下垂，花紫色頂生，吊掛在Z字形的花序軸上，花期夏季。小果約1公分。喜強日照、土壤潮濕之環境，類似垂花水竹芋，但此種葉鞘為紅色。

Thaumatococcus

神秘果竹芋

學名：*Thaumatococcus daniellii*
原產地：熱帶美洲

　　株高3公尺，具地下莖。葉柄直立細長，葉卵橢圓形，長45公分、寬30公分。花粉紫色，長3公分。假種皮紅色，含索馬甜（Thaumatin）蛋白，近似三角錐，其甜度為蔗糖的2000倍，可作為代糖，種子黑色。生長最低限溫-1℃。

桑科
Moraceae

Dorstenia

分布廣泛，包括：阿拉伯半島、印度、非洲，以及熱帶美洲等。根莖多肥厚，株形、葉形多變化，但花序皆呈盤狀，耐寒性差，寒冷地區需栽培於溫室。有毒，誤食會對人體造成傷害。

黑魔盤、厚葉盤花木、剛果無花果

學名：*Dorstenia elata*
英名：Congo fig
原產地：巴西

葉披針形，青綠色、革質，長25公分、寬11公分。綠色小花呈顆粒狀密布於花序盤上。果實成熟會自動彈出種子而自行播種，故常簇群生長。喜潮濕環境，對光線多寡之接受度頗強。

▲小果白色

▲花序特殊，似鑲皺邊的淺盤

▶株高40~45公分

Ficus

　　榕屬有一群適於盆栽放置室內的植物。多為常綠喬木、灌木或藤本，雌雄同株或異株，莖枝具有乳汁，多原產自熱帶地區。單葉互生，葉多全緣、革質，花為單性小花，著生於肉質壺內的隱頭花序，而後成熟為隱花果，乃此屬專有特色。盆缽栽培時，為限制其生長速率，多選用較小些的盆器，免得生長太快速、太高大，管理維護較麻煩。

▼榕屬的緬樹品種，葉色多變化

垂榕、白榕

學名：*Ficus benjamina*

英名：Benjamin fig
Small-leaved rubber plant
Weeping fig, White bark fig

原產地：中國大陸、印度、馬來西亞

於大型室內空間展示，頗能展現熱帶風情，為頗受觀迎的室內大型盆栽之一。於熱帶雨林區可長得相當高大，常綠性大喬木，因其耐陰性良好，以盆缽栽植時可限制其生長，適合做為室內大型盆栽植物。

分枝呈彎拱下垂狀，短柄長1~1.5公分，橢圓形葉互生，長7~10公分、寬3~5公分，葉面之羽狀側脈多對細密分布，葉基鈍圓略歪，革質，老葉濃綠富光澤，全緣微波狀。室內光線不佳，少見開花結果。可播種、扦插或高壓繁殖。栽培用土選擇不拘，只是澆水不可過勤，每次待盆土乾鬆後再徹底澆透即可。

▶斑葉垂榕

▲乳葉垂榕

▲葉片常有下垂，
葉端鈍有尖尾

▶中央主幹直立，
灰白淺褐色

印度橡膠樹、緬樹

學名：*Ficus elastica*

英名：Rubber plant

原產地：印尼、印度、馬來西亞

　　常綠喬木，有些品種頗適合盆栽放置室內供觀賞。單葉互生，橢圓形葉，長20~35公分、寬12~20公分，羽狀側脈多，葉端銳或有突尖，葉基鈍圓，葉兩面平滑無毛茸，厚革質，全緣。

印度橡膠樹葉芽插繁殖

1　剪下已生長一段時日，莖枝充實的枝條

2　每段枝條帶一葉做成插穗，枝條上部只需突出葉腋，全長約2公分即可

3　葉片碩大會因蒸散作用而失散較多水分，因此削去部分葉片，將插穗基部沾附促進發根之生長素

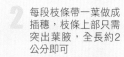

4　泥炭土與砂各半混勻之介質裝盆後，埋入插穗，使葉腋之腋芽正好露出土面之外即可，需壓實

5　約6個月腋芽抽長成一健康枝條，即可定植

印度橡膠樹高壓法繁殖

1 春天，將枝梢下方15~22公分處的葉片切除

2 於此除葉之節處下方，由下向上將樹皮斜切開，切面約長3.5~5公分

3 切口斜面上塗敷促進生根之粉劑

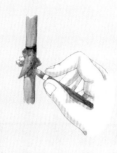

4 以透明塑膠布做成袋狀，環繞切口，並用塑膠繩將此袋口下方紮緊

5 袋內填入充分吸水並瀝去多餘水分之水苔後，紮綁上方袋口

6 數月後，自透明塑膠布可窺見其根群已發生時，就可將塑膠布解卸，並自根群下方切斷

7 定植於盆缽中

221

黑王子緬樹

學名：*Ficus elastica 'Black Prince'*

　　葉身寬大平整，葉面墨綠色頗富光澤。

紅緬樹

學名：*Ficus elastic 'Decora'*

　　綠色葉面上泛紫紅暈彩，葉背中肋較艷紅、葉色紅暈彩明顯。托葉大型膜質，包被幼芽，常呈鮮艷之紅粉色，於枝梢挺立，而別具觀賞性。葉抽長後此托葉即自行脫落，並在莖節處留下一圈環形之托葉痕。

美葉緬樹

學名：*Ficus elastica 'Decora Tricolor'*

　　綠葉面上分布大小不一之乳斑塊及鑲邊，新葉帶紅暈彩，色彩較富麗。

乳斑紋緬樹

學名：*Ficus elastica 'Robusta'*

　　淺綠至翠綠葉面、分布乳白帶粉暈的斑塊及鑲邊，葉色淡雅清爽。

琴葉榕

學名：*Ficus lyrata*

英名：Fiddle-leaf fig

原產地：**熱帶非洲**

　　常綠喬木，主幹色黑直立生長，提琴狀的單葉互生，葉柄長2公分，葉長15~40公分、寬13~20公分，全緣波浪狀。繁殖可用扦插或高壓法。因其葉片碩大，分枝斜向生長，所佔空間較多，適合大型室內空間擺放。性喜溫暖，適合半日照或散射日光處，亦可容忍陰暗角落。盆土不可常成濕潤狀，需保持些微乾鬆，較利於生長，澆水切忌太勤快。

▼葉端鈍或略凹，
　葉基耳狀

▶葉片大、色
　濃綠富光澤

榕樹

學名：*Ficus microcarpa*

英名：Chinese banyan

別名：**正榕、細葉榕**

　　常綠大喬木，葉卵形，深綠色，革質，長4~8公分、寬3~4公分。

▶隱花果腋生，
　近扁球型

▶經特殊肥培之人參
　榕，初生根膨大呈塊
　狀，常作為小品盆景

薜荔

學名：*Ficus pumila*
英名：Climbing fig, Creeping fig
原產地：台灣

常綠蔓藤，葉片小（種名*pumila*即是小的意思），質感細緻，適吊缽或桌上小品盆景。單葉互生，卵心形，羽狀側脈3~5對，葉面濃綠平滑、偶有小突起，葉端鈍而微凹，全緣，葉背淺綠色。缽植時葉長約2公分、寬1.5公分，具0.2~0.5公分長之淺色短柄。繁殖多採用扦插法，剪取5公分長的枝條，留下2~4片葉子，將插穗下部葉片摘除，埋入介質，注意供水或予以噴霧，一個月可發出新葉。性喜溫暖、耐寒性亦強，對日照適應頗具彈性，全日照或散射光處，甚至陰暗角落亦可殘存，但以散射光或半日照環境較適宜。

盆栽時特別需注意供水，喜好潤濕土壤，切忌乾旱，即使冬日低溫時，也不可忽略，一旦土壤完全乾鬆，植株葉片易枯萎皺縮，且無法復原。只有將枯枝葉剪除，再充分灌水，可能發出新生枝葉，再度呈現煥然一新的姿態。莖枝節處易發生不定根，藉以緊密貼附牆面或蛇木板、柱，因其葉片在莖枝上呈二列狀著生，且葉柄短小，貼附性頗佳，枝葉緊緊地貼著柱面發展。亦為一良好的地被植物，尤其在光線差之室內，可於大盆缽之土面鋪布。

▲葉色多變

▲枝節處易發生不定根

▶斑葉品種

◀斑葉薜荔枝條抽長會彎垂

▲新葉紅色，枝腋有成對
的膜質托葉

◀一般種，植株
呈蔓性生長

▲細葉、迷你種

▶中肋具白斑
之中斑品種

◀葉片小，新葉紅色

花蔓榕、錦荔

學名：*Ficus radicans 'Variegata'*
　　　F. sagittata 'Variegata'

英名：Variegated climbing fig
　　　Variegated rooting fig
　　　Variegated trailing fig

原產地：熱帶地區、東印度

　　常綠蔓藤，枝條初呈直立，抽長後橫展下垂，為室內吊缽的好材料。葉色具觀賞性，單葉互生，披針形，長5~8公分、寬1.5~2公分，羽狀側脈10~15對，脆革質，葉端漸尖，葉基淺心形，全緣波狀，葉背色淡。

　　繁殖多用扦插法，剪取10公分長的半木質化枝條，摘除插穗下部葉片，保留上部葉片，葉片剪去2/3，僅留小部分葉身，可減少水分失散，以提高扦插成活率。

　　性喜溫暖之半日照或散射光處，土壤需常保持適當潤濕，卻不可浸水或全乾涸狀。空氣濕度高較有利於生長，葉片較不易枯乾而脫落、造成枯枝情形。生長適溫16~26℃，冬日若遇寒流而凍傷時，葉面會出現褐斑，而導致落葉。

▼葉緣鑲不規則乳斑

卷心榕

學名：*Ficus sp.*

　　葉長橢圓形，反捲明顯，中肋凹陷，葉尖向下反捲一圈，葉片造型頗特殊。

三角榕

學名：*Ficus triangularis*
英名：Sweetheart tree
原產地：熱帶非洲

常綠性的灌木至小喬木。葉長4~6公分、寬3~5公分，薄肉質，葉端截形，葉基楔形，全緣略反捲。花後結出一群群粒徑1公分桔紅色的果實，也頗引人注意，但須光線好才會結果。播種或扦插繁殖。耐陰，喜半日照或散射光。

▼葉片三角形

▶葉面濃綠，葉柄短

越橘葉蔓榕

學名：*Ficus vaccinioides*

匍匐藤本，枝節處常發生不定根。葉倒卵狀橢圓形，幾無葉柄，單葉互生，長0.6~3公分、寬0.6~1公分，厚紙質，兩面疏被毛。隱花果腋生，被毛，漿果初時褐色，熟轉紫黑色。

桑科

胡椒科
Piperaceae

Peperomia

常綠多年生草本植物，分布於熱帶及亞熱帶地區。植株多低矮，株高常不超過30公分。單葉互生、叢生或輪生，有葉柄，多全緣，常具托葉，並連生於葉柄上。花小型乳白色，常密集著生為肉穗或柔荑花序。

生長適溫20~28℃，最低限溫10℃，較不耐寒，室溫低於5℃時，葉片易變黃脫落。耐陰性強，不宜接受盛夏之強烈陽光直射，日照過強會灼傷葉片，但光照過少則會造成徒長、以及葉色暗淡而不美觀，斑葉種宜放置於光線明亮的窗口，其斑色較明顯而漂亮。本屬植物多觀葉性，建議將盆栽儘量放置於室內無直射光的明亮窗邊，生長較佳，葉色亦較美麗。

葉片厚肉質者較耐乾旱，盆土不可經常呈濕潤狀，每次澆水需徹底濕透，直至盆土乾鬆後，方可再次澆水，盆缽底盤不可長時間積水。簇生型椒草之短莖浸泡水中多日，易造成短莖腐爛，因此土壤以疏鬆、肥沃、排水與通氣良好的砂質壤土為佳，培養土可再混加腐葉土、泥炭土、珍珠砂、粗砂、蛭石等，並摻入適量腐熟的有機肥做基肥。於生長旺季，每2~3週施一次腐熟的稀薄液肥或複合肥，但氮肥不可過量，每月施肥一次，使葉色較鮮綠明亮，過量時葉面之斑色較不明顯。病蟲害不多，夏季濕熱鬱悶之時，較易引起紅蜘蛛、粉介殼蟲的危害，空氣流通則可減少病蟲害發生。

莖枝抽伸過長時，可予以修剪，自枝條基部剪下，留3~5節即可。植株若生長過於叢密須予以分盆，適春天行之。另外，需注意斑葉種偶爾會長出其原始之綠葉，一旦出現需儘早摘除，當綠葉漸增後，最後可能全株都轉為綠葉了。

胡椒科植物生長緩慢，少見病蟲害，環境要求不多，且多具耐旱性，偶爾盆土乾涸缺水，短時間內多不會立即呈現萎垂現象，因此照顧管理工作不多，偶爾疏忽亦不致造成植株死亡。因此頗適於一般初學者嘗試。多具觀葉性，適合放置室內供觀賞。

株型有3類：蔓生垂吊型、短縮莖簇生型，以及直立型。直立型者可放任其自然生長，亦可摘芯使植株矮化叢茂。另因其枝節間易發出氣生根，盆缽中可插入一支小的蛇木棒，讓植株攀附其上生長。垂吊型者則適合種植成吊盆；簇生型之植株多矮小精緻，採用淺盆栽植即可。

多採用扦插（枝插、葉插、水插）或分株法繁殖，於春、秋季施行較適宜；因枝葉厚實，於一般環境即易於繁殖。亦可採用播種法，於果實成熟後，日曬或烘乾以取得種子，種子細小常具休眠性，混合細沙後播於育苗盤內，無需覆土，發芽後至少長出4葉片，方可定植於盆缽。扦插為主要繁殖方法，枝插則剪取帶葉片之枝條約2~3節、或莖頂段3~5節，約7~10公分長之插穗即可扦插。介質需保水及排水良好，扦插後需保持介質適當濕潤，太濕亦不宜，於陰涼通風處約20天發根，4~5週長出新葉片後即可定植於盆缽。另可水插繁殖，插穗插入水中，亦能生根發新葉，但葉片部分不得浸入水中。

圓葉椒草葉插繁殖

1 繁殖適溫為20~25℃，選取健壯充實的葉片，連同其葉柄剪下

2 土面戳出小洞，將剪下之葉片的葉柄部分插入土中，壓實

3 盆器之整個植株包裹透明塑膠袋，當塑膠袋表面布滿水蒸氣時，需打開散去水氣，免空氣過於潮濕，而造成插穗腐爛

4 長出新枝葉後，即可將塑膠袋移除

倒卵葉蔓椒草

學名：*Peperomia berlandieri*

原產地：墨西哥至哥斯大黎加

全株灰綠色，枝條下垂狀，分枝多，莖枝與葉柄具細軟毛茸。葉柄短小，葉闊倒卵或窄倒卵形，長0.8~0.9公分，全緣，葉端圓鈍，葉脈僅中肋約略可見。

▶4單葉輪生

◀蔓性植株

皺葉椒草

學名：*Peperomia caperata*

英名：Bronze ripple, Emerald-ripple

原產地：巴西

簇生型植株，葉叢生於短莖頂，株高約20公分。葉柄長10~15公分，葉長3~5公分，掌狀脈5~7出，主脈及第一側脈向下凹陷，濃綠光澤，葉背灰綠。花梗長15~20公分，紅褐色，草綠色直出花穗，多突出於植株之上。

▼開花

▼植株具短莖

▼圓心形之盾狀葉

紅邊椒草

學名：*Peperomia clusiaefolia,*
    P. obtusifolia var. clusiifolia
英名：Red-edged peperomia
別名：琴葉椒草、紅娘椒草
原產地：西印度、熱帶美洲

　　株高30公分，生長緩慢，莖枝粗圓、濃紫紅色，易隨節處呈曲折狀，莖節處易發出氣生根，可藉以吸附蛇木柱。葉厚肉質硬挺，葉柄紫紅色，長1~1.5公分，單葉互生，倒卵形，長5~10公分、寬4~6公分，中肋略凹陷，葉橄欖綠，葉脈黃綠色不明顯，葉背淺綠而泛紫紅暈彩。綠白色的肉穗花序細長挺立或微彎，長10~20公分，花梗紫紅色，於冬、春之際抽出。

▼直立型植株

▶葉緣紅色
　鑲邊

三色椒草

學名：*Peperomia clusiifolia 'Jewelry '*
英名：Red-edged variegated peperomia
原產地：西印度

　　株高20~30公分，生長緩慢。葉長倒卵形，厚肉質硬挺，葉長5~9公分、寬2~4公分，葉面近中肋為綠色，近葉緣則由草綠轉黃、紅色，故名三色椒草；全緣或不規則淺裂，葉色具觀賞性。花期春至秋季。

◀開花

▶葉緣鑲紅邊

▶直立型植株

斧葉椒草、斧形椒草

學名：*Peperomia dolabriformis*
英名：Prayer pepper
原產地：秘魯

　　莖葉肉質，株高10公分。葉長5~6公分、寬1.7公分、厚0.6公分，灰綠色葉片具透明條紋。花序長，小花黃綠色。不耐寒，生長最低限溫7℃。

▼葉片側面
形似斧頭

▼接觸較多陽光，
葉緣轉紅色

▼葉片扁平如嫩豌豆莢

線葉椒草、狹葉椒草

學名：*Peperomia galioides, P. rubella*
原產地：哥倫比亞、新格拉那達

　　植株小型直立，莖枝肉質呈紅褐色，分枝頗多。葉柄與莖枝連接處有紅點，腋下具腺體，葉長橢圓，4~5葉輪生，長1~2.5公分、寬0.5公分，葉面蠟質，鮮綠色，肉質，葉端鈍，葉基漸狹。

斑葉玲瓏椒草

學名：*Peperomia glabella 'Variegata'*

英名：Variegated wax privet

原產地：牙買加

　　蔓性，枝條抽長會軟垂。單葉互生，橢圓或卵形，全緣，葉端鈍、葉基楔形至淺心形，薄肉質，掌狀3~5出脈，葉長2~6公分、寬1~4公分。葉柄紅，長約1公分。

▲新生幼葉常呈乳黃、乳白色

▼老葉轉綠色，其中偶爾會夾雜乳斑

　　肉穗花序，長7~15公分。葉片色彩不一，亦無一定的變化趨勢。斑葉再配上泛紅暈彩的軟垂莖枝，頗具觀賞特色。

銀皺葉椒草

學名：*Peperomia griseo-argentea*
　　　P. 'Silver Goddess'

英名：Ivy peperomia

原產地：巴西

　　類同皺葉椒草，但葉色不同。葉面銀灰綠、富光澤，掌狀脈7~9出。

▶掌脈色深、凹陷亦深

▲簇生型植株

銀斑椒草

學名：*Peperomia marmorata 'Silver Heart'*
英名：Silver heart
原產地：巴西南部

　　株高15~30公分，單葉簇生於短縮莖。葉淺心形，長5~10公分、3~7公分寬，淺綠色，掌狀7出脈、凹陷狀，凹陷處顏色較深；薄肉質，全緣，葉端銳尖，葉基心形，葉基兩側之圓形裂片常重疊，葉背較淺淡並有紅色脈紋。肉穗花序長達15公分。

▶簇生型植株

銀道椒草

學名：*Peperomia metallica*
原產地：秘魯

▼植株直立型

　　小型植株，株高低於25公分，莖枝節間短小、略呈曲折狀。葉柄短，單葉互生，卵橢圓形，長1~3公分、寬1~2.5公分，葉色墨綠紫，平滑光澤，葉端銳尖，葉基鈍圓，葉背紫紅色。

▼葉面中肋具銀灰色斑條

金點椒草

學名：*Peperomia obtusifolia 'Golden Gate'*

　　直立性植株。葉廣卵形，長、寬約4~8公分，肉質硬挺。

▶莖枝粗圓泛紅

▶葉面具黃斑，並撒布綠色斑點

圓葉椒草

學名：*Peperomia obtusifolia*
英名：Baby rubber plant
原產地：委內瑞拉

　　直立性植株，株高約30公分，莖及葉柄均肉質粗圓、紅褐色，節間長僅1~1.5公分，節處易發出氣生根。葉柄長1公分，葉長5~6公分、寬4~5公分，葉端鈍圓，葉基漸狹至楔形，葉面光滑，葉色濃綠。

◀花序頗長

▶葉橢圓或倒卵形

◀單葉互生

金葉椒草

學名：*Peperomia obtusifolia sp.*

　　新葉金黃色，近葉面中肋具深綠塊斑，老葉轉濃綠色，葉基、葉端略凹，葉柄槽狀。

撒金椒草

學名：*Peperomia obtusifolia 'Green Gold'*

英名：Green gold peperomia

▼葉色濃綠，散布不規
則之淺綠、乳黃斑塊

▼光線較明亮處
葉色較金黃

▼光線不佳時
葉色較暗沉

▼新葉色彩較金黃、老葉轉綠

劍葉椒草

學名：*Peperomia pereskiifolia, P. blanda*

英名：Leaf-cactus peperomia

原產地：委內瑞拉、哥倫比亞、巴西

　　植株直立型，莖枝圓
形、挺立、細長且呈紫褐色，
節間長5~15公分，單葉3~6片輪
生。葉柄紫褐色，長0.2~0.5公分，
葉闊披針形、全緣、薄肉質，長
6~8公分、寬2~2.5公分，葉面濃
綠，掌狀3~5出脈，葉端銳
尖，葉基楔形。肉穗花序長10~18公
分，著生於5~7公分長之花梗。

白斑椒草

學名：*Peperomia obtusifolia 'Variegata'*
英名：Variegated peperomia
別名：斑葉椒草、乳斑椒草
原產地：台灣、沖繩

　　園藝栽培品種，類同圓葉椒草，僅葉色不同。葉面近中肋較濃綠、近緣漸轉淺綠色，色彩不規則分布，葉緣乳黃色。

▲莖及葉柄基部紅褐色

▼直立型植株

荷葉椒草、碧玉荷葉椒草

學名：*Peperomia polybotrya, P. 'Jayde'*

　　株高15~30公分，莖、葉肥厚肉質。葉柄長，單葉互生，廣卵形之盾狀葉，翠綠色，具光澤，葉端銳或突尖，葉基圓形，全緣。肉穗花序，小花密生，不明顯。

237

白脈椒草

學名：*Peperomia puteolata*

別名：弦月椒草、多葉蘭

　　株型矮小，株高20~30公分。短柄紅褐色，葉橢圓形，長5~8公分、寬3~5公分，深綠色，掌狀脈5出，略為凹陷、灰綠色，新葉泛紅褐色。

▶莖直立，紫紅色

◀葉2~5枚輪生，陰暗處葉色濃綠

紅皺葉椒草、黑心葉椒草

學名：*Peperomia* 'Red ripple'
　　　P. caperata 'Red ripple'

　　株高20~30公分，單葉叢生於短莖。葉廣心形，長、寬7~12公分，濃綠色，掌狀7~9出脈，葉基淺心形，葉端鈍，全緣。

▼葉脈凹陷，灰青色，葉緣泛紅

▶肉穗花序直立細長

小圓葉垂椒草

學名：*Peperomia rotundifolia var. pilosior*
　　　P. nummularifolia var. pilosior
　　　P. prostrata

英名：Yerba linda

原產地：熱帶之北美洲及南美洲、波多黎
　　　各至牙買加、哥倫比亞

　　蔓性，細枝條柔軟下垂且抽伸甚長，是袖珍吊缽的好材料。葉柄長0.3~0.5公分，葉廣卵形，長、寬皆1公分，肉質，藍灰綠色，葉脈掌狀3出、銀灰色，葉基圓鈍，全緣，葉背淺灰綠色。肉穗花序長3公分、直立細長。

西瓜皮椒草

學名：*Peperomia sandersii*

英名：Watermelon peperomia

原產地：巴西

　　株高僅20公分。葉柄紅褐色、長10~15公分，葉長3~5公分、寬2~4公分，葉脈由中央向四周呈輻射狀，主脈11條，葉面濃綠色，脈間銀灰色，似西瓜之外皮。

▲單葉簇生

▼盾狀葉

斑葉垂椒草、乳斑垂椒草

學名：*Peperomia scandens 'Variegata'*

英名：Variegated philodendron leaf peperomia

蔓性植株，匍匐狀生長。葉長心形。穗狀花序頗長。

▶莖、葉柄肉質帶紅色

◀綠葉緣具不規則黃白斑紋

乳班皺葉椒草

學名：*Peperomia variegata*

類同皺葉椒草。單葉叢生，廣心形，葉基淺心形，濃綠色，具乳黃、淺綠等不規則斑紋、斑點，葉緣偶布粉紅色，掌狀7~9出脈，葉端鈍，全緣或略凹裂。

▼新葉泛紅暈彩

▲掌脈凹陷泛紅色

240

紫葉椒草

學名：*Peperomia velutina*
英名：Velvet peperomia
原產地：厄瓜多爾

株高約30公分，全株披白毛，莖枝於節處成曲折狀。單葉互生，闊卵形，長3~7.5公分，葉掌脈灰白色，葉端鈍有突尖，葉基鈍，葉面暗綠褐色，葉背紫紅色。肉穗花序長達4~6公分。

▼莖枝紫紅色

▲葉掌狀5~7出脈

斑馬椒草

學名：*Peperomia verschaffeltii*
英名：Sweetheart peperomia
原產地：巴西

葉柄具紅點，葉薄肉質，長卵心形，長6~10公分、寬3~4公分。花穗粗短。

▶單葉簇生

▼掌狀脈5條，脈間有銀斑寬條

類似植物比較：
西瓜皮椒草與斑馬斑草

項目	西瓜皮椒草	斑馬斑草
盾狀葉	是	否
葉形	卵形	長卵心形
葉基	圓形	淺心形
葉面斑條數	11	5
肉穗花序	瘦長	短胖

密葉椒草

學名：*Pepperomia orba, P. 'Princess astrid'*

英名：Princess astrid peperomia

株高20~30公分，莖枝灰綠色，節處有紫紅色斑點。葉長卵形，長2~5公分、寬1~2公分，濃綠色，掌狀脈3出，葉端銳尖，葉背灰綠色。肉穗花序單出，綠色，長10公分。

▲斑葉品種，綠葉緣
具不規則黃斑

▼單葉互生

紅莖椒草

學名：*Pepperomia sui*

原產地：台灣

台灣特有種，株高10~30公分，直立型植株，全株密被柔毛。葉對生或3

葉輪生，卵形，長1.5~5公分、寬1~3公分，常具透明腺體，淺綠色掌狀脈3出，葉背灰色。

穗狀花序，直立有柄，頂生或腋生，兩性小花淺綠色，不具花被，花期冬至春季。果實肉質、圓形具黏性。

◀紅色莖肉質

▶葉面深綠被絨毛

紐扣葉椒草

學名：*Peperomia rotundifolia*

英名：Yerba linda

　　葉柄短，葉色翠綠，薄肉質，葉脈僅掌狀3出脈隱約可見，全緣。

▼肉穗花序直立細長

▲葉圓形，葉端鈍圓

▶蔓性株，適合吊缽種植

Piper

胡椒、黑胡椒、黑川

學名：*Piper nigrum*

原產地：南印度

　　藤本植物，側枝密生，具不定根。葉橢圓形，深綠具光澤，葉端尖，葉背銀白色。穗狀花序，白色至黃綠色。漿果直徑0.5公分，果實內僅有1粒種子，乾燥後作為香料。

▲葉脈掌狀3出

▶漿果初時綠色，
　熟時暗紅轉黑色

蕁麻科
Urticaceae

多生長於熱帶地區，多年生常綠草本植物，單葉多對生，常具托葉，花單性，雌雄同株或異株。花小形，聚繖或頭狀花序，綠或白色不顯眼。繁殖以播種及扦插為主，種子細小不易收取，多具自播性，會自行散播種子而發芽成苗。扦插為一容易方法。插穗亦可先插於水中，生根後再植入土中。另外，如匍匐性之毛蛤蟆草等，莖節處觸地即會生根，將此生根者剪離母株，種下即成獨立株。

夏天直射陽光處不宜，散射光之明亮處較佳。太陰暗植株易徒長生長勢弱，且易感染病蟲害。盆土需排水良好，於盆底添加一層破瓦片或粗礫石，免盆土積水。3~10月生長旺季，盆土須經常保持適當潤濕與通氣，濕黏土易造成植物爛死。冬日寒流低溫之際，盆土宜保持乾燥，較易越冬而不受寒害。喜好溫暖潮濕與高空氣濕度，較有利生長。不耐寒，溫度低於10℃易受寒害。生長旺季需補肥，冬日可停用肥料。生長多年植株形成高腳狀，莖枝下部葉片脫落，僅上部有葉，形態醜陋時需強剪予以更新，或重新扦插成新株。為一良好的地被植物，適合戶外無直射陽光處。開花會提早植株老化，應儘早摘除花苞。

冷水花扦插繁殖

1 剪取10~15公分的枝條

2 留下2~3對葉片做為插穗

3 插入泥炭土與砂等量均勻混合的栽培介質，放置陰暗處，注意澆水，快則3~5天即會發根

Pellionia

噴煙花、火炮花、煙火草

學名：*Pellionia daveauana*
英名：Trailing watermelon begonia
原產地：馬來西亞

　　蔓藤，單葉互生、2列狀，托葉粉紅色半透明狀、長0.5公分，包被嫩芽。葉橢圓形，葉長2～5公分、寬1～2.5公分，薄肉質，葉基歪心形，全緣至淺鈍不規則缺刻，葉灰綠色，葉背色灰綠至淺褐綠、無斑色。頂芽插易生根。多種於吊盆懸掛室內或屋簷下，避免陽光直射，亦可於樹下以地被方式舖植。枝條可蔓生30公分長，枝條基部空禿無葉片時，以強剪方式促生新枝葉。

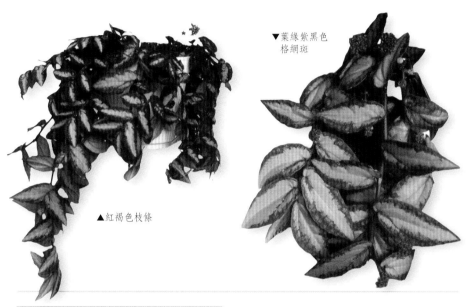

▲紅褐色枝條

▼葉緣紫黑色格網斑

花葉噴煙花、垂緞草

學名：*Pellionia pulchra*
英名：Satin pellionia
原產地：越南

　　紅褐色之蔓性莖、匍匐懸垂性，紅褐色之短小葉柄，2托葉，單葉互生，葉基歪，葉端鈍圓，葉緣鋸齒不明顯。聚繖花序，單性花，雌雄異株，小花淡紫色，4～5花被，花期春至秋季。

▼綠葉之葉脈呈暗黑格網

Pilea

冷水花、白雪草

學名：*Pilea cadierei*

英名：Aluminum plant, Watermelon pilea

原產地：越南

　　直立性植株，株高30公分，莖枝肉質泛紅褐暈彩。葉橢圓形，長8公分、寬5公分，薄肉質，掌狀3出脈，葉深綠、凸出部分呈銀白色斑塊，閃亮如鋁片，故英名為Aluminum plant；且花紋似西瓜皮，又名Watermelon pilea，葉緣上半部疏淺鈍鋸齒、下半部全緣。生長相當快速。

▶單葉十字對生

▼花白色，總花梗腋生，觀花性不高

▲主脈及第一側脈處凹陷，脈間凸出銀白色

嬰兒的眼淚

學名：*Pilea depressa*
英名：Baby's tears, Miniature peperomia
別名：扁冷水花、玲瓏冷水花
原產地：波多黎各

　　玲瓏小巧的葉片而命名為嬰兒的眼淚，葉面徑約0.6公分，薄肉質，葉面光滑且富光澤，葉倒卵圓形，晶瑩翠綠。聚繖花序，小花白色帶粉紅色暈。耐陰，喜明亮的間接光源，忌強光直射，莖枝節處接觸土壤易生根，分支性強，為精緻之地被材料。枝條具蔓生性，做成吊缽懸掛陽台屋簷下或室內窗口光線明亮處，生性強健，照顧容易，病蟲害不多。

▲枝葉柔軟下垂

▼枝條抽長後易懸垂

▲葉緣淺鈍鋸齒

銀葉嬰兒淚

學名：*Pilea glauca*
原產地：越南

　　與嬰兒的眼淚不同處，其莖枝紅褐色，葉全緣，銀灰綠色。

蛤蟆草

學名：*Pilea mollis*
英名：Moon valley green
原產地：哥斯大黎加、哥倫比亞

　　株高20~40公分。卵形葉十字對生，葉緣鋸齒狀，掌狀脈3出，葉面沿主脈、側脈甚至細小的網狀支脈均呈凹陷狀，脈間葉肉凸起，因此葉面波皺程度較冷水花更加細緻。因葉面粗糙、皺摺類似蛤蟆，故名蛤蟆草。黃綠色葉面之葉脈呈較深之橄欖綠至褐綠色，葉面由中肋至葉緣色彩由深褐轉翠綠色。於春、夏交會之際綻放黃綠色小型花序。

▼小花觀賞性不高

◀直立性植物

大銀脈蝦蟆草

學名：*Pilea spruceana* 'Norkolk'

　　全株覆白色細毛，莖匍匐性。葉脈凹陷、脈間凸出，主脈尤其明顯，凸高處銀白色。

▲新葉褐綠色，
老葉深綠色

◀株高15~20公分

▲適做地被

毛蛤蟆草

學名：*Pilea nummulariifollia*

英名：Creeping charlie

原產地：西印度至秘魯

　　全株覆毛，葉面波皺似蛤蟆皮故名之。莖枝細圓，蔓性匍匐狀生長，莖節處碰觸土壤易生根，為一相當優良的地被植物，亦適合做成吊缽懸掛明亮窗口，枝條懸垂可達1公尺餘，相當可觀。托葉明顯，徑約0.5公分，質極薄，半透明狀，布毛。葉圓形，徑2~3公分，質薄，掌狀3出脈，葉脈凹陷，脈間葉肉凸起，葉面具細緻的小波皺，葉基淺心形，葉端圓，葉緣疏布半圓形鋸齒。需水性高，不耐乾旱。

◀翠綠波皺的葉片

▼花小不明顯，
觀賞性不高

▶莖枝淺紫紅色，
覆有細毛

銀脈蛤蟆草

學名：*Pilea spruceana 'Silver Tree'*

英名：Silver and bronze

原產地：加勒比海

　　直立性植株，易生分枝。葉柄短小，卵披針形葉，長4~5公分、寬3公分，掌狀3出脈，濃綠葉面隨格網脈凹凸，葉基鈍，葉端漸尖，葉緣鋸齒，褐綠葉之中肋具銀白色斑條，自葉基直達葉端。光線明亮處葉色泛紅褐，陰處則轉綠。花細小，不具觀賞性。

▼可盆栽，亦適合地被栽種

蕁蔴科

249

薑科
Zingiberaceae

　　多年生草本植物，地下部具肉質根莖或塊莖，單葉二列狀或螺旋生，花序為總狀、頭狀或穗狀、聚繖花序，子房下位、蒴果或漿果。

◀▶穗狀花序觀賞性高

◀室內插盆薑花滿室生香

Costus

多具地下根莖，植株直立性之多年生草本植物，原產於熱帶地區，地上莖常螺旋狀扭曲、單葉互生、亦常螺旋著生，具有管狀、密貼莖枝的葉鞘。穗狀花序頂生，具覆瓦狀排列的苞片，蒴果。喜明亮的間接光源，夏季宜於遮蔭處、忌直射強光。性喜溫暖，生長適溫16~26℃，台灣平地冬天的低溫多無問題。土壤需排水良好，富含有機肥、微酸性之砂質壤土或腐殖土為佳，生長旺季盆土略乾時即需澆水，稍高的溼潤度可促進營養生長，開花時略乾些無仿。繁殖多於暖季施行，可採用地下根莖分株、播種、枝條扦插，或花序基部長出的高芽撥下另種。盆栽放室內明亮窗邊，植株多較高大，可做為立地盆景。

黃閉鞘薑

學名：*Costus cuspidatus*
原產地：巴西

株高30~60公分，莖桿褐色，葉長橢圓形，葉端銳尖。花期晚春至初夏，花橙黃色，瓣緣皺褶狀。耐寒性佳。

橙紅閉鞘薑

學名：*Costus cosmosus* var. *bakeri*
原產地：美洲中部濕熱森林區

莖桿細長，戶外株高可達2公尺，盆栽多1公尺。長橢圓形葉，長20~40公分、寬5~10公分，葉面富光澤，葉背疏披短毛，幾乎無柄。花序圓錐形，長20~30公分，自紅色苞片陸續伸出亮黃色管狀花，長4公分。漿果長4公分、徑2.5公分，種子黑色。因花序之苞片持久，觀花期長，賞花性高。喜濕熱，亦耐寒至0℃，全日照或半陰均可。

▼穗狀花序頂生

▲苞片紅色蠟質

絨葉閉鞘薑

學名：*Costus malortieanus*
英名：Emerald spiral ginger, Stepladder plant
原產地：哥斯大黎加

株高約1公尺。單葉闊卵或廣橢圓形、全緣略反卷，長15~30公分、寬10公分，葉基鈍，葉端鈍、具短突尖，葉背密生細小毛茸。花序長6公分，小花黃色泛橙紅暈彩。

閉鞘薑、絹毛鳶尾

學名：*Costus speciosus*
　　　Cheilocostus speciosus
原產地：亞洲東南

原生育地為疏林下、山谷陰濕地。株高1~2公尺，葉披針形，長15~20公分、寬6~7公分，葉基圓鈍，葉端尾尖，葉背密披絹毛。穗狀花序頂生，長5~13公分，白色唇瓣為主要觀賞部位，寬倒卵形，長約6.5~9公分，瓣端皺褶鋸齒狀，花期10~12月。相當耐陰，且耐高熱。

▶頂生白花十分淡雅

▲葉片沿莖桿螺旋狀生長

斑葉閉鞘薑

學名：*Costus speciosa* var. *variegata*

　　為閉鞘薑的園藝變種，莖枝紅褐色，幾無葉柄，葉橢圓形、深綠色，葉面沿葉脈方向具數條不規則乳斑，葉緣多為乳白色，觀葉性高。

紅閉鞘薑

學名：*Costus woodsonii*

英名：Dwarf cone ginger, French kiss
　　　Red button ginger
　　　Scarlet spiral flag

別名：紅頭閉鞘薑、鈕扣閉鞘薑、紅響尾
　　　蛇薑

原產地：巴拿馬至哥倫比亞太平洋岸

　　葉橢圓形，長10~20公分、寬5~10公分，光滑薄革質。穗狀花序頂生、長10公分，下部包覆紅色臘質苞片，自其中鑽出黃色花朵。全年開花，紅豔花序觀賞期長。全日照以及半陰處均適合生長與開花。

▼新生嫩葉常旋卷
　呈細管狀

▶葉面具多條縱走之
　細紋葉脈

◀每花序同時僅開出
　1~2朵筒狀花

▶盆栽株高
　50~75公分

Globba

本屬植物稱為舞薑或舞花薑，英名為Dancing ladies ginger，乃因花序的苞片大型且色彩豔麗，似舞者的彩衣，長花柄上細緻小黃花之彎曲花蕊，如同舞者婀娜多姿的空中舞姿。

具匍匐根莖以及直立短莖。單葉互生，葉卵披針形，長15~20公分、寬3~5公分，葉基鈍圓，葉端尾尖，全緣微波，綠葉，葉柄長約0.5公分，兩面無毛。葉舌短，葉舌及葉鞘上緣披毛。兩性花，圓錐或總狀花序頂生下垂狀，苞片披針形，長0.6~1.2公分，具小苞片，小花梗極短，花萼鐘狀或漏斗狀，前端3~5裂，長0.5公分，花冠兩側對稱，細長管狀，長0.8~1公分，被短柔毛，先端3裂，裂片卵形，小花黃色，具芳香，唇瓣狹楔形，前端2裂，基部具橙紅色的斑點。雄蕊基部和花絲相連成管狀，常反折，花藥縱裂，兩側各具2枚三角狀附屬體，1子房，胚珠多數。蒴果球形、橢圓形，不整齊開裂，種子常具假種皮。

相當耐陰，盆栽若放置於較明亮處，土壤就需要濕潤些，太陰暗會造成苞片色彩較黯淡不美。土壤需肥沃且排水良好，生長旺季充足供水，盆土需常保持濕潤，但不可浸水。冬季休眠則節水，免休眠期造成根莖腐爛。不畏高溫，夜溫最好18℃以上，台灣冬季室內的溫度多不成問題，只是較低溫時會落葉，進入休眠期，無庸擔心。喜好高空氣濕度以及避風環境。

採根莖分株繁殖，於開花後掘起地下根莖，2~3節分切成一段，放置蔭涼處數天，待傷口乾燥後再種植，休眠期間亦可進行。戶外樹蔭下、室內東向及北側之明亮窗台為盆栽理想放置地點，除作為盆花外，亦適合作為插花材料，花期夏秋2季，7月綻放直至初冬進入休眠，觀花期頗長久。

紅葉舞薑

學名：*Globba winitii 'Pristina Pink'*

與溫蒂舞薑之花朵一樣，只是葉色紫紅色。花序細長下垂，上部分枝著花2枚以上，下部無分枝。

球花舞薑

學名：*Globba globulifera*

薑科

▶紫色苞片蚌殼狀，披
　細毛，管狀花黃色

◀穗狀花序
　腋生

◀株高45~60公分

雙翅舞薑

學名：*Globba schomburgkii*

原產地：泰國

▶黃花，花絲彎曲，
　花藥每邊有2個翅
　狀附屬體

▲株高30~50公分

溫蒂舞薑、黃金鶴、舞花薑

學名：*Globba winitii*

英名：Dancing ladies ginger
　　　Dancing girls ginger

原產地：泰國、越南

▲漂亮的苞片為玫瑰
　紫紅色、黃花

▶花開時似單腳站立的鶴，
　又名黃金鶴

▶株高60公分

白龍舞薑、白苞舞花薑

學名：*Globba winitii 'White Dragon'*

　　類似溫蒂舞薑，只是苞片白色、花
冠筒淺黃色。

Kaempferia

多不具明顯地上部莖枝的多年生草本植物，原產地多在亞洲及非洲地區。

孔雀薑

學名：*Kaempferia pulchra*
英名：Pretty resurrection lily
別名：復活百合薑、麗花蕃鬱
原產地：熱帶亞洲東部、百慕達、泰國

植株低矮，地下根莖肥厚且具特殊芳香，根系偶爾也會特別肥厚，地上莖不明顯。多單葉簇生，葉闊卵圓形，長10~12公分、寬6~8公分，厚紙質，暗綠色葉面上有淺色斑紋、葉背帶紫紅暈彩，全緣波狀。穗狀或頭狀花序，小花淡紫粉色，花瓣橢圓形，其上撒布白斑點，花冠徑4公分，中央具白眼。每朵花綻放時間多不長，也少見同時多花綻放，卻數月之久陸續有花供觀賞。

不需直射強光，以濾過光較適合，室內明亮無直射光的窗口較適合。喜高空氣濕度，生長旺盛的夏天須注意供水，盆土表面一旦乾鬆就需要澆水。性喜溫暖，適合生長溫度16~26℃，耐寒力較差，且冬季低溫時植株多會進入休眠，此時需將盆栽移置溫暖場所，保持土壤乾鬆，偶爾給予少量水分即可，施肥全面停止，直至翌春來臨等待生機發動。溫暖、無明顯冬天的熱帶暖地，戶外栽植不會休眠，栽植於台灣北部平地之戶外，冬天多會休眠。繁殖以其地下根莖分株，春至夏季為適期。

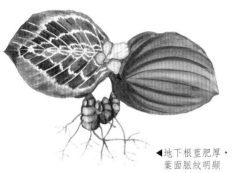

◀地下根莖肥厚，葉面脈紋明顯

◀淡紫色小花具細小白斑點

▲葉著生自地際，橫生平展

▶葉面如美麗的孔雀圖案，故名之

蕨類植物門
Pteridophyta

石松亞門
Lycophytina

石松科
Lycopodiaceae

Lycopodium

石松科（Lycopodiaceae, Club moss）之低等維管植物，會產生孢子之常綠多年草本植物，莖部常呈匍匐狀而橫臥地面，亦可自其匍匐莖上生出直立性的分支。因葉如細針，故有石松之名。

莖枝會產生分枝，枝條上覆滿綠色的小葉片，葉呈鱗片狀或針線形。匍匐莖上會發出許多細小的不定根，並向上生出新芽嫩枝，切離即成一獨立新株，為其主要的無性繁殖方式。亦可藉孢子行有性生殖。

小垂枝石松

學名：*Lycopodium salvinioides*
原產地：台灣、琉球、菲律賓

因商業採集過盛，導致此植物已瀕臨滅絕。小葉密生於枝條。葉對生，披針形，翠綠色，革質；生育葉著生於枝條末端，似鱗片般披覆於細枝上，枝葉如流蘇之穗垂狀，適　合栽種於吊盆。會自其莖枝處產生小植株，接觸土壤向下紮根後，就可切離自成獨立植株。

▶枝條長而下垂

◀生育葉呈二列狀

卷柏科
Selaginellaceae

卷柏屬
Selaginella

　　石松亞門或分類於卷柏科，常見者有卷柏屬、石松屬、水韭屬。分布於全球各處，以熱帶較多，亞熱帶地區也不少，溫帶地區則僅有極少數種類。為多年生常綠草本隱花植物，不會開花，但會產生孢子。多以觀葉為主，於戶外陰濕地表，形成漂亮細緻之低矮地被植物；亦可做小品盆栽或小吊缽。聖誕節時，常剪其枝葉製成花環，成為節慶重要裝飾品。

　　卷柏外型類似石松，莖會產生分枝，匍匐狀或形成直立莖，但株高多10公分以下。匍匐莖的腹面著生許多細小的不定根，根的構造類似高等植物。莖上密布無數細小如鱗片狀的葉片，呈整齊的四列方式排列。可以採用頂梢摘芯方式，促其產生分枝，植株整體密簇成團球狀，觀賞性較高。

　　卷柏亦如蕨類，有世代交替的生活史，孢子世代與配子世代都能獨立生存，只是孢子體的外型較高大。於分枝先端，會產生特殊的生育葉，排列緊密而形成所謂的球花。這群生育葉可以產生孢子囊，孢子成熟落於適當土面，就會發芽長成配子體，配子體上的精、卵受精後，分裂發育而形成新孢子體。

　　春季可採孢子來繁殖，或扦插法大量快速地繁殖，將發育成熟的莖枝，切成5公分一段的插穗，平鋪介質表面，於插穗上亦可撒布微量之質細濕泥炭土，保持16~18℃、高濕度90%及弱光環境，待其莖節發生不定根，聖誕節時植株多已成形。

　　另外，匍匐性植株亦可採用分株或壓條法來繁殖。卷柏來自溫暖或冷涼的多雨林區，原始的生長環境多陰暗潮濕，故其耐陰性良好，可容忍室內陰暗處；另外也有較耐旱者。栽培用盆土可用1份富含廄肥（或腐葉）的培養土、加入3份河砂混勻使用。一年四季均需注意澆水，盆土經常維持潤濕狀，避免乾旱。

　　空氣相對濕度需85~90%，因此放在一般室內觀賞短時間尚可忍耐，長時間就會出現問題，可於植株上加蓋透明罩、或養在密閉的玻璃瓶內，水氣不易蒸發外逸，而形成局部高濕度的微空氣環境。需肥性不高，上盆後6個月內都不需施肥，之後進入秋末，再施加一些稀薄液肥即可。

卷柏屬多數種類都不耐高溫，25℃以上再加上乾旱環境，生育會加速劣化。於台灣平地栽培，最好選擇較耐熱的種類。

▶卷柏植株多低矮，小葉多呈鱗片狀

細葉卷柏

學名：*Selaginella apoda*
英名：Meadow spike moss
別名：綠卷柏、小卷柏、冰淇淋卷柏
原產地：南非、北美

▼植株細密如毯

株高僅3~5公分，綠色莖枝纖細軟弱。細小二型葉片成四列狀，葉色翠綠。球花無柄，長1.2公分。性喜冷涼，喜間接光源，需避免烈日直射，介質以肥沃的砂質土或腐殖土均可，濕度需求較高，夏天須注意高溫以及乾燥的空氣，生長適溫18℃，尚適合台灣平地栽培。

◀小葉質感細緻

垂枝卷柏

學名：*Selaginella kraussiana*
英名：Club moss, Trailing irish moss
原產地：南非

分枝頗多，枝條長可達30公分。二型葉排成四列，葉色翠綠，如羽毛般的小枝條，密貼著細小如鱗片般的葉片。生長尚快速，性喜溫暖、耐陰性佳，喜歡無直射光的北向窗口，栽培用土須疏鬆又通氣，可多添加吸水性高的水苔與泥炭土、腐葉土等。需防蛞蝓危害，喜好相對濕度高的空氣環境，生長適溫17~24℃。

◀植株匍匐狀鋪布

▶小葉細緻小巧，如地毯般鋪佈

萬年松

學名：*Selaginella tamariscina*

英名：Tamarisklike spikemoss

別名：豹足、還魂草、山卷柏、地石草、萬年青

原產地：亞洲

喜棲息於岩石，小葉於主軸上排列緊密，青綠色，葉背灰褐色，有不育葉及生育葉之別，多分岔之枝條自主莖向外平展。以孢子繁殖為主。性喜溫暖，生長適溫15~26℃。耐陰、耐濕，亦可耐短暫強光，但較喜蔭蔽且空氣濕度較高的環境，濕度不足時枝葉緊縮，轉灰褐色；濕度較高時，枝葉會再度開展而呈現健康而貌，因此，又稱為還魂草。

翠雲草、藍卷柏

學名：*Selaginella uncinata*

英名：Blue selaginella, Rainbow fern

原產地：中國大陸

蔓性，枝條可長達30~60公分，莖節處會發出細根，於陰濕地表，可自然舖布一大片，如毛毯般覆蓋土面。鱗片般的二型葉片，如覆瓦般貼生於莖枝。葉片閃泛著彩虹般光澤，故英名為Rainbow fern，植株有時泛藍光，又名Blue selaginella。相當耐陰，空氣濕度須高，盆栽土壤亦需經常呈濕潤狀。喜好溫暖，生長適溫16~26℃，台灣平地栽培不成問題，但一般乾燥的室內無法長久表現良好。亦可種成吊缽，懸掛在沒有直射強光處供觀賞。

◀莖枝纖細軟垂

▶葉片閃爍著藍綠色光澤

真蕨亞門
Filicophytina

　　蕨類是很古老的植物，遠在任何顯花植物出現之前約4億年前，就出現在地球上，而現今全世界約有上萬種的蕨類，大多數生長於溫熱多濕處，只有少數較耐寒。台灣原生蕨類種數超過600種，密度高居世界之冠，例如有名的台灣山蘇花。

　　蕨類植物與種子植物不同，蕨類非高等植物，不會開花，並以孢子來代替種子。蕨類葉背一群群、一團團或一條條的東西就是所謂的孢子囊群，成熟時用手一摸，手指尖上就會沾附如細粉狀極其微小的孢子。像播種一樣，孢子撒播於濕介質表面，發芽後就長出綠色心臟形的原葉體，一個個平貼土面，於濕潤環境，精子游動與卵結合後就會產生孢子體，也就是一般所看到的蕨類植物體，自低矮的數公分至數公尺高者均有。蕨類有原葉體（又稱配子體）與孢子體交互發生的現象，就叫做世代交替。

有性繁殖
孢子繁殖

　　雖容易獲得大量植株，但耗時較久，其過程類似播種，只是孢子的個體更細微，因此播撒後無須覆土。

孢子繁殖法

1　孢子囊著生於葉背或葉緣反捲處，成熟時，於葉片下放白紙，經觸羽葉後，即可見細塵般的孢子飛落，採集孢子用以繁殖

2　準備好淺缽的播種盤，篩入播種細緻介質，深度只須盆缽4/5即可。因孢子細小，故介質宜細碎均勻

3　播種介質表面舖一張紙，而後注入沸水以消毒介質，覆紙灌水，免灌水後介質表面不平整

4 待冷涼後，取出覆紙，將孢子均勻抖落介質表面，拿一片透明玻璃或塑膠布覆蓋

5 高錳酸鉀溶液（1加侖清水放入一平匙高錳酸鉀）注入盆底盛水盤，可殺死水中的有害生物，預防感染。當播種介質缺水乾鬆時，以盆底注入方式補充水分

6 6個月後，原葉體出現

7 再過3個月，植株體已擁擠成群

8 第一次假植，將小植株分開栽種，用手指鎮壓，使根群與土壤密貼

9 加蓋以保持較高的空氣濕度，而後移置冷涼稍陰處6星期

10 第9步驟乃健化過程，待苗株長高至5~10公分，可予以定植

11 每盆種入1株，用指尖壓實，使根與土壤密接

12 盆土表面用小卵石覆蓋，防止澆水後土面結塊

13 再2個月即可取出植株及其土球，檢視根群生長情況，若根群已長至盆缽邊緣，則需換到較大盆缽

無性繁殖

分株

　　較常用、且繁殖成活率高。依植株生長型態不同分別說明如下：

根莖冠型

　　適合具短縮莖地下根莖蕨類，其地上部葉群恍如自地際發生。隨時間短縮根莖群會自動增生多個。可用利刃或叉鏟垂直縱切，將一個個的根莖冠分開，再個別種下。例如星蕨適合分株繁殖，但需注意，並不是所有此類型蕨類都可分株繁殖。

▶垂直縱切

◀分離後各別種下

匍匐狀根莖型

　　具匍匐狀根莖型蕨類，其地下根莖抽伸較長、而向四周蔓延，地上部會簇聚其植群。當植株夠大時就可分株。將其地下根莖掘出，略加清理其地上部葉片及冗長的根群後，以利刃將根莖切斷，每段至少1芽，且已有根群發生者。宜選植株生育旺期之春天或早夏行之，繁殖成活率較高，時間也可縮短。

▲以利刃切斷根莖

小芽或小植株

　　有些蕨類羽葉會自發萌生小植株、或狀似小球莖的小芽球，初期為無葉的小型球狀個體，之後會萌發葉片，並向下生根。此種小芽球可分二類型：

休眠狀小芽球

肉質塊莖狀，著生於葉片時多呈休眠狀，不會生根長葉，成熟時會自動由葉片掉落，若外在環境合宜，很快就生根長葉；否則仍呈休眠狀，可達6個月之久。

▲小芽球

活動型小芽球或小植株

於葉片發生並萌芽，然後向上長葉向下生根，不脫離原來的葉片，至母葉老死時，多已自成一獨立植株。這些小芽球可能發生的位置有下列三種：

●葉片尖端

母株葉片成熟，葉端接觸地面時，可能發生小植株，向下生根後，就自成獨立株。因此可將其成熟羽葉之頂端與地面接觸且固著，羽葉端會產生一至多個小植株，待生根長大就可切離母葉。

●葉片中肋或羽葉中軸散生

有些鐵角蕨屬蕨類，羽葉中肋（或中軸）會著生許多小芽球。隨葉片成長也隨之長大，當老葉爛死、腐葉覆蓋下，於溫濕環境，小芽球漸長大，並生根長葉，而自成獨立植株。待其小芽球夠大、或發育成小群時，自母葉中肋或中軸處切離種下，可自成獨立植株。

●葉面各處

如東方狗脊蕨之葉面各處會著生小芽球，並相繼發葉且逐漸長大，當芽球下方接觸土面就會生根，待根群生長良好，再自母葉切離另行種植。

走莖

波斯頓蕨之簇生型蕨類，會自葉群中抽出走莖，平時多懸垂空中，一旦接觸土壤就會生根，並向上長新葉，而自成一植株。

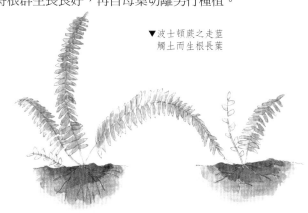

▼波士頓蕨之走莖觸土而生根長葉

萌蘗

如杪欏科樹蕨，可能自莖幹或根際萌蘗，意即萌發小植株。於生長旺季，可將發育良好的萌蘗，以利刀切下，種於吸飽水分的水苔介質缽內，用透明塑膠布包裹保濕，直至長出根群，就形成一獨立植株。

▲兔腳蕨的走莖

壓條

一般壓條法

如垂枝石松繁殖時，用一淺盤內裝粗質潤濕介質（河砂或粗砂與泥炭土以3：1混合均勻），將其莖枝舖放其上，但不脫離母體。為助於生根，可用小石鎮壓或固定，使莖枝與土壤密接，數月後就有新生小植物。待發育完好，就可剪離母株自行生活。而海金莎則以其甚長的羽葉中軸壓入土中，待生根即成獨立株。

空中壓條

如兔腳蕨，於空氣中發出長的走莖，溫暖之生長旺季，取一團吸飽水分的水苔，至少包裹一節的走莖，而後外覆透明塑膠布包紮緊實，約8~12星期根系形成，就可剪離母株種下。

葉耳

觀音座蓮之羽葉柄基部兩側各具有一個肉質厚實之耳狀構造為托葉（或名葉耳），春天或早夏時將老葉基之葉耳自幹上切離，頂朝上平放於砂與泥炭土3：1混合之濕介質，保持適當溫度與濕度，約6~12個月後就會形成一獨立植株。

塊莖

腎蕨的地下部會形成圓球形的塊莖，可取下另行種植，培育出枝葉及根群，而另成一獨立植株。

扦插

如垂枝石松等，可剪取其枝條頂梢5~8公分長做插穗，橫舖介質表面，保持

潤濕與溫暖。約6~15個月，就會生根長葉，形成一獨立植株，因某些石松類植物無法由孢子繁殖，此法雖冗長耗時且不一定成功，但仍可一試。

根插

某些瓶爾小草，其肥厚的肉質根會萌發不定芽，可採根插法繁殖。

栽培注意事項

光線

蕨類多不需直射且高熱的強光，反射或過濾性光線較理想。日照過強易造成葉色黃化，或沿葉緣發生褐斑；光照不足則植株細瘦、低矮、衰弱或軟垂，需光原則如下：

1. 直接日照：夏天正午及午后的高熱且直接的光線必須遠離，但可接受清晨、傍晚或冬天低溫時的直射光。
2. 濾過性、間接或反射、散射光：多數蕨類均喜好，尤其是明亮處更是生長的好環境。
3. 陰暗：遠離窗口之陰暗處，若蕨類生長不佳時，就需人工照明補強。

澆水

多數蕨類都喜歡土壤略呈濕潤狀，供水要點說明如下：

1. 天氣乾熱時期，盆面表土一旦乾鬆就須立即澆水。一般生長季節，則待土面2公分深處土壤乾鬆時才須補充水分。若整盆土都已失水乾涸，可能造成蕨類永久萎凋而難以恢復，冬天嚴寒時可減少澆水。
2. 每次澆水後3~4天，土壤仍呈粘濕狀，且聞起來有異味，或植株地上部黃化而後萎凋。可能是土壤太粘重排水不良，且又澆水過多所造成。除日後須減少澆水外，根本解決之道乃需換土，換土時可順便將根群掘出，檢視其根，若柔軟且未乾枯、失色時，可加以修根，並更換為排水較快速之栽培介質重新種下。
3. 每次澆水須透徹，澆完水後1小時，水盤內餘水須倒掉。
4. 盛夏或酷寒時澆水，須注意水溫，不要與土溫差異過多，否則易傷根。含氯重的自來水，最好靜置一日，讓氯氣揮發掉再澆用。
5. 若地上部生長茂密，採用從上向下之淋灌方式，水分可能不易入土，應

採用盆缽浸泡方式、或由盆底注水方式滲入供水。

6.植株若因缺水而萎凋時，一旦發現需立即處理，將整盆完全泡入清水中，地上部連續多次噴霧，24小時內萎垂枝葉仍未挺立恢復時，不必再等待，將其地上部萎葉一併剪除，再正常供水，可能還會重新萌發新枝葉。

7.使用素燒瓦盆種蕨類，若盆壁表面出現灰白粉質附著，可能是土壤內殘留過多的肥料及鹽分，可用大量清水淋洗盆土以清除之。

8.為減少盆缽表面土壤水分過度蒸發，可用細碎腐熟堆肥或腐葉、泥炭土等，堆置表土上約2.5公分的厚度，可降低澆水次數。

9.早晨澆水，可供一天生長使用，而不要晚間澆水，尤其是寒冬。

10.葉片分裂細緻者，不宜於空氣濕度高時進行葉面噴霧水。水滴若滯留在葉隙間，蒸發較慢時，易引起葉腐現象。

施肥

1.蕨類喜好肥沃土壤，但對高濃度化學肥料頗敏感，易受肥害。裝盆時，土壤可先加入多量腐熟的廄肥，日後再酌量以稀薄的化學肥料追肥。生長旺季之春、夏間，每2~3星期施肥一次，冬季停止供肥。

2.化學肥料採多次、低濃度方式較理想，如完全肥料於土面施灑時宜採用1/4濃度。蕨類多觀葉性，僅用氮肥調水稀釋（1/2量），葉面噴布效果快而明顯。

3.土壤乾燥時須先澆水、再施肥。

土壤與裝盆

1.適合蕨類之土壤需通氣、排水、保水、保肥又肥沃者。2種配方適合盆栽蕨類：培養土、泥炭土、腐葉土、粗砂（或珍珠砂）採1:2:1:1。或培養土、腐熟堆肥、粗砂（或珍珠砂）採1:1:1。

2.盆底加粗礫、小石塊打底，以利排水，厚度約2公分；再舖一層厚度約1~2公分園藝用煤塊，於盆底可吸收土壤內殘留的多餘鹽分與毒氣、毒物質。而後再加一層富含磷質的骨粉，較有利於根部生長，最後再填裝上述配方的栽培介質，但不需填至盆頂，留下2公分空間，澆水時讓水有留存空間，以便慢慢向下滲透。

3.盆缽的選用方面，塑膠盆質輕又便宜，但上釉盆之盆壁不透水、不透

氣，可降低土壤水分蒸發，而減少澆水次數。而素燒瓦盆、粘土盆、粗陶盆等，具多孔性的盆壁，且質重，不適於做吊缽，又易破碎，澆水頻率也須增加，但透氣、排毒性佳。蛇木壓製的盆缽、板或塊、柱等，排水快速又可吸附水分，頗適合種植蕨類。

4.漏籃或鐵絲編籃內加入水苔用以種吊缽型蕨類。不需選用尺寸過大的盆缽，盆缽口徑只需較植物根群土球大個3~5公分即可，過大反不利地上部生長。

病蟲害

生長環境適宜、照顧得當，蕨類健康而強壯，較不易受病蟲害侵擾。但澆水過量，土壤排水不良，空氣停滯不流通、溫度過低或濕度太高、太乾燥等狀況，蕨類較易感染病蟲害，常見病蟲害如下：

1.介殼蟲：小型吸汁性害蟲，尚未形成介殼的幼蟲，可噴一般殺蟲劑接觸而殺死，但已形成介殼之成蟲則可用海綿沾外用酒精擦拭去除。

2.紅蜘蛛：空氣乾燥室內容易感染，可噴殺蟲劑或提高空氣濕度。

3.蚜蟲：小型吸汁性昆蟲，用肥皂屑泡水噴布。

4.蕨類對殺蟲、殺菌之化學藥劑頗敏感，鐵線蕨易受藥害，原則上盡量減少使用藥劑。萬不得已時，則先用酒精或肥皂水處理，嚴重感染時，可採修剪方式，去除感染部位。

修剪更新、換盆

春天將枯死的羽葉或走莖剪除，生長過於繁茂可進行換盆，挖起的蕨類最好儘快種植，放置未種前須注意保濕，免根系乾透植株不易恢復。

空氣濕度

庭院、荒野或山區、岩壁許多陰濕處，很多植物無法立足之處，卻自然生長著蕨類，彎垂細緻的葉片更顯優美。至於室內觀葉植物，蕨類更是相當受歡迎的一群。只是許多優美的蕨類，葉片嫩綠繁茂時，由花市興緻沖沖地帶回家，不多久葉片枯褐掉落而日漸醜陋。一般而論，蕨類較其他室內觀葉植物養護不易，室內不適最大主因，在於空氣濕度常嫌不足。多數蕨類都喜好高空氣濕度環境，如鐵線蕨。只有少數例外，如鳥巢蕨、波士頓蕨、兔腳蕨等，較適於一般居家室內。只要提高蕨類植株四周的空氣濕度，就可以嘗試養植各種蕨

類。植物不時進行蒸散作用，若將蕨類與其他盆栽群置一起，則每株植物都可享受鄰近植株葉片所蒸散出的水氣，仿如置身於一高濕度之空氣環境，互利共生，此植物群置為提高空氣濕度的方法之一，其他方法如下：

增加空氣濕度方法

1 種在玻璃容器內
整個蕨類植物體栽植於透明玻璃器皿內，葉片蒸散作用所放出的水蒸氣，遇到瓶壁跑不出去，而迷漫於葉片四周，就提高了空氣濕度

2 水盤上擺植物
選用一個較盆缽口徑大之淺盤，內舖小卵石或發泡煉石，而後注入清水，水位不可高過小石子，蕨類盆缽再置放其上，水盤中的水不停地蒸發水蒸氣，使盆缽四周局部環境有較高的空氣濕度

3 套盆
原盆缽外再套加一較大口徑的盆缽，二者之間填入保水性介質，如水苔，常澆水吸飽水分，就可自然蒸散出水蒸氣，散溢在植物四周

4 噴霧於葉群四周
以噴霧器，內裝清水，或加入極少量的氮肥，一日數次噴霧水於蕨類葉群四周，以增加空氣濕度

輻射蕨科
Actiniopteridaceae

Actiniopteris

眉刷蕨、孔雀鳳尾蕨

學名：*Actiniopteris semiflabellata*
原產地：非洲西部、馬達加斯加、尼泊爾

　　枝葉型態類似小型棕櫚植物，蕨類植物中頗具特色者，具短匍匐根莖。掌狀複葉叢生，葉片2~4回二叉分支，葉幅5~30公分，全緣，葉柄長1~7公分；孢子囊位於小葉邊緣。介質排水需良好、忌過度澆水或浸水，喜明亮的間接光源，葉面不需噴細霧水、需保持乾燥，但太乾燥時葉片會扭曲。室內溫度需15℃以上，養護不易。

鐵線蕨科
Adiantaceae

Adiantum

　　多原產於熱帶美洲地區，少數來自溫帶的北美及亞洲東部，原生育地之陰濕叢林、溪流邊或瀑布旁、岩壁裂縫或樹林地被層等。具根莖、貼生鱗片，匍匐狀或斜上。葉片多1~4回羽狀複葉或裂葉，葉脈多游離狀、網狀脈較少。孢子囊著生於葉緣反捲處。

▶質地細緻頗受一般人士青睞

鞭葉鐵線蕨、愛氏鐵線蕨、菲律賓鐵線蕨等，羽葉中軸會不斷延伸抽長，當此中軸碰觸到土壤，就可能向下生根，而著根處向上亦會萌發新葉片，將有根有葉的小植株切離母體，已可獨立生存。本屬植物多具纖細葉片、瘦長莖枝與葉柄。

赫赫有名的鐵線蕨流傳的故事：一位清純少女，當她愛人變心後，傷心之餘自懸崖墜落自殺，當翌春來臨，在她掉落處，長出一叢如秀髮般的鐵線蕨，本屬蕨類英名統稱為Maidenhair，意即少女的髮絲。

▼葉柄細長有力、色深且富光澤，基部有鱗片

◀鐵線蕨之羽葉飄逸如少女髮絲

▼陰濕水邊適合鐵線蕨生長

▼陰濕壁面縫隙自生的鐵線蕨

蘭嶼鐵線蕨

學名：*Adiantum capillus-veneris*

原產地：台灣

　　矮小植株之株高僅10公分，1回羽狀複葉，小葉扇形，質薄，葉柄黑亮，葉端圓形，葉緣有鈍圓的粗缺刻。

　　適室內低光環境，生長緩慢，適合瓶景植栽以及小品盆栽。以孢子繁殖為主，孢子囊群著生於羽片背面前端。

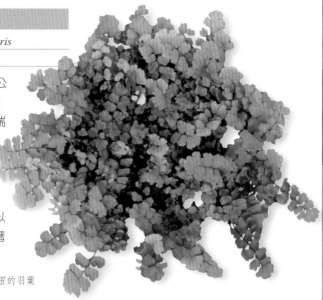

▶翠綠細密的羽葉

鞭葉鐵線蕨

學名：*Adiantum caudatum*

英名：Walking fern

原產地：非洲、中國東南方、東南亞、新幾內亞等地區

　　株高10~40公分、幅徑可達60公分，全株密披細毛。一回羽狀複葉，羽柄紅褐色，小葉互生，淺綠或青綠色，羽葉端之小葉片較小。羽葉端常延伸成鞭狀，著地後生根而行無性繁殖。喜明亮之間接光源，土壤不需太濕潤，但需高空氣濕度，可用噴霧方式營造。最低限溫10℃。

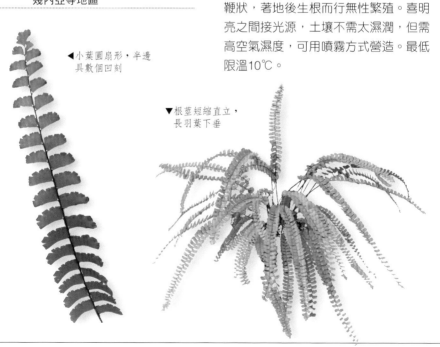

◀小葉圓扇形，半邊具數個凹刻

▼根莖短縮直立，長羽葉下垂

273

刀葉鐵線蕨

學名：*Adiantum cultratum*

原產地：墨西哥小安地列斯群島

　　2~3回羽狀複葉，小葉平行四邊形，葉緣囓齒狀。孢子囊群著生於小葉背緣囓齒部位。

愛氏鐵線蕨

學名：*Adiantum edgeworthii*

原產地：中國、越南、緬甸北部、印度西北部、尼泊爾、日本、菲律賓

　　多生長於林下陰濕處或岩石上，株高10~30公分，根狀莖短而直立，被黑褐色披針形鱗片。一回羽狀複葉，羽片10~30對，平展，紙質，葉緣具鈍圓粗缺刻、稍呈波狀，葉脈多回二歧分叉，葉片兩面均明顯。羽葉前端著地會生根而繁殖。

▼小葉片扇形

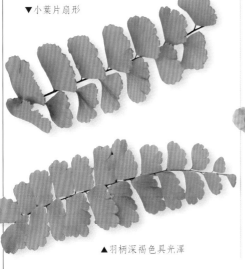

▲羽柄深褐色具光澤

荷葉鐵線蕨、荷葉金錢草

學名：*Adiantum reniforme* var. *sinense*

原產地：中國大陸

　　株高10~20公分，直立之根狀短莖，前端密被棕色披針形鱗片以及細毛。葉柄深栗色，長5~12公分；單葉簇生，圓腎形，葉面徑2~6公分，葉脈由葉基向周緣呈輻射狀，葉緣淺鈍鋸齒，葉背疏被棕色長毛。孢子囊群蓋圓形或近長方形，褐色。分株或孢子繁殖。喜溫暖濕潤且無遮蔭的岩面、薄土層、石縫或草叢中。

▲葉面常凹凸而形成1~3個同心圓

扇葉鐵線蕨

學名：*Adiantum flabellulatum*

英名：Fan-leaved maidenhair

原產地：東亞

　　株高20~50公分，根狀短莖被暗棕色鱗片，全株密披短毛。黑色羽柄堅韌光滑，羽狀複葉長達40公分，小葉端淺鋸齒。冬季低溫時會呈現半休眠狀態。

▲羽狀複葉平展

▼新葉黃綠色

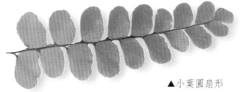

▲小葉圓扇形

冠毛鐵線蕨

學名：*Adiantum raddianum* 'Crested Majus'

　　類似密葉鐵線蕨，植株較大型。小葉淺綠、圓扇形。喜陰濕冷涼環境，盆土可多加泥炭土以保濕，需高空氣濕度。

▼短莖直出黑色
纖細羽柄

▲小葉端不規則綴化

▶枝葉細緻

Hemionitis

大葉紐扣蕨

學名：*Hemionitis arifolia, H. cordifolia, Parahemionitis cordata*

英名：Heart fern

原產地：中國大陸

喜生長於密林下之陰濕地、或溪邊石縫，株高12~25公分，根狀莖披淡棕色狹披針形鱗片。葉面光滑，葉背具褐色鑽形小鱗片，葉緣疏生紅棕色細毛。二型葉，不育葉之葉柄長2~10公分；孢子葉之柄長20公分。葉戟形，長4~6公分、寬1.5~3公分，葉端鈍，全緣。孢子囊群形成網狀、滿布於葉背。

▶不育葉卵形，基部心形

▼不育葉簇生

▲不育葉之葉柄密披鱗片及長毛

三叉蕨科
Aspidiaceae

Tectaria

三叉蕨

學名：*Tectaria subtriphylla*

英名：Three leaved halberd fern

別名：雞爪蕨、大葉蜈蚣、八芝蘭三叉蕨

原產地：印度、越南、日本、中國大陸、斯里蘭卡

1~2回羽狀複葉，成熟葉僅最下一對羽片具柄，葉柄基部疏生鱗片，葉軸披棕色細毛，葉緣鋸齒深淺不一。孢子囊群著生於葉背近葉緣處，羽軸兩側幾乎沒有。以孢子播種或分株法繁殖。喜溫暖多濕之半日照環境。

鐵角蕨科
Aspleniaceae

Asplenium

　　英名統稱為Spleenwort，約有七百多種，附生性強，原產地多為潮濕、溫熱之處，但也有少數幾種能忍耐4~6個月的乾燥氣候。根狀莖短、直立粗壯，常披棕色至黑色革質鱗片。單葉，葉片呈輻射之對稱性生長，群葉隨根莖生長方式而呈鳥巢狀排列，因此一般都稱為鳥巢蕨，其孢子囊群多著生於葉背之平行側脈上。

勝利山蘇花

學名：*Asplenium antiquum 'Victoria'*

　　株高1.5公尺、幅徑1.5公尺。葉線形，青綠色，光滑無毛，葉緣細波浪狀。葉半直立，過長時會捲曲下垂。喜明亮的間接光源，土壤需保持濕潤，最低生長限溫12℃。

南洋山蘇花、南洋巢蕨

學名：*Asplenium australasicum*

原產地：熱帶亞洲、新幾內亞、澳洲昆士蘭、蘭嶼、綠島、台灣、菲律賓、馬來西亞、非洲

　　大型著生或岩生植物，多分布熱帶地區低海拔。葉長120公分、寬15公分，葉軸表面有溝，背面呈圓弧狀隆起，全緣波狀。孢子囊群著生葉背，線狀排列，可達全葉脈1/3至1/2處，孢子成熟時轉為褐色。喜高溫多濕之陰蔽環境，生性強健，耐陰、耐旱，忌強光，適應大多數土壤，生長適溫15~30℃。

▼葉長披針形，近乎無柄

◀孢子著生葉背，呈線狀排列

捲葉山蘇花

學名：*Asplenium antiquum 'Makino Osaka'*

　　為南洋山蘇花之栽培種，終年青翠，株高20~40公分。葉披針形，葉端狹尖。以分株或孢子繁殖，繁殖期春夏季。

　　生性耐陰，忌強光直射，日照約40~60%即可，土壤需保持濕潤，介質可用細蛇木屑混合泥炭苔，空氣濕度要高，生長適溫26~30℃，最低限溫15℃，適合庭園蔭蔽地點美化或盆栽，亦可附生於樹幹。

◀孢子囊群著生於葉背之平行側脈上

▼幼株葉片較軟質

▲葉自根莖抽生

▲葉緣捲曲呈波浪狀

▲成株之葉片硬挺直出

台灣山蘇花

學名：*Asplenium nidus*

英名：Bird's-nest fern, Nest fern

別名：台灣巢蕨、鳥巢蕨、雀巢羊齒、山蘇

原產地：非洲至玻里尼西亞一帶、澳洲、亞洲熱帶區、東南亞

株高30~100公分，根莖粗短。葉柄短，黑色，基部披黑褐色鱗片，葉披針形，長70公分、寬10公分，翠綠色，全緣微波。孢子囊群線形，由中肋沿側脈平行著生超過1/2。

生長適溫20~30℃，低於15℃葉片會出現黃化、壞疽等寒害病徵。

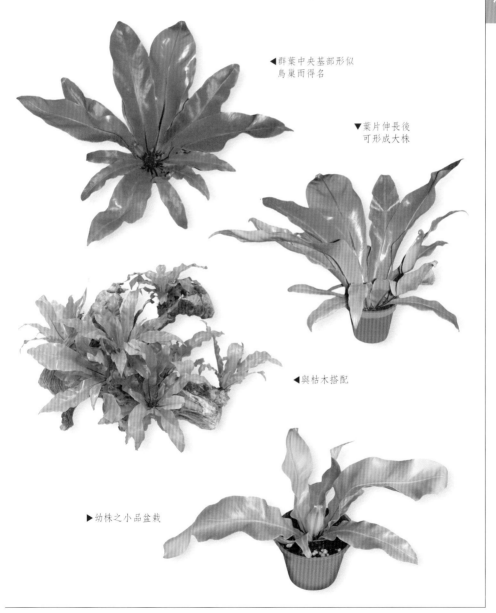

◀群葉中央基部形似鳥巢而得名

▼葉片伸長後可形成大株

◀與枯木搭配

▶幼株之小品盆栽

綴葉台灣山蘇花

學名：*Asplenium nidus 'Cresteatum'*

　　台灣山蘇花的栽培品種，葉片至葉端漸寬闊，葉端呈不規則凹曲裂缺。

魚尾台灣山蘇花

學名：*Asplenium nidus 'Fishtail'*

　　僅葉端1/3綴化成魚尾狀，且多回二叉分歧，葉緣鋸齒狀、深淺不一。

皺葉山蘇花、皺葉鳥巢蕨

學名：*Asplenium nidus 'Crispafolium'*
　　A. nidus 'Plicatum'

英名：Zipper fern

別名：皺葉羊齒

　　株高20~60公分。以孢子繁殖為主，繁殖期春夏季。喜溫暖、潮濕，半遮蔭的環境，忌強光直射。土壤以泥炭苔混合細蛇木屑為佳，亦可採用附生栽培，將幼株根部包一團水苔，再用鐵絲固定在蛇木板上。

　　冬季需避風，生長適溫20~27℃，最低限溫5℃。良好的室內觀葉植物，亦是插花常用的花材。

▼長帶狀葉片直出且
　隨意彎曲

▼葉背線形孢子囊群
　之長度不足1/3

▼葉緣急遽收縮皺
　摺，似千層麵

▼葉端較易扭曲

多向台灣山蘇花、綴葉山蘇花

學名：*Asplenium nidus* 'Monstrifera'

英名：Fantastic serrated terrarium fern

類似魚尾台灣山蘇花，但前者葉片僅近葉端1/3綴化，本種則全葉之葉緣均可能有著深淺不一之細長鋸齒，近似鬍邊；偶有二岔分歧，但魚尾台灣山蘇花則多回二叉分歧。

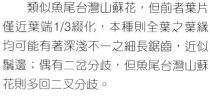

巨葉山蘇花

學名：*Asplenium nidus* var. *musifolium*

原產地：泰國

巨型植株，披針形葉、革質，葉長100公分以上、寬可達40公分，葉柄暗褐色、長2~5公分，基部披鱗片，葉面中肋凸起泛紫黑色，葉緣波浪、皺褶明顯。孢子囊群著生於葉背平行脈，最長可達葉寬1/2，囊群蓋寬0.5公釐、間隔約0.5公釐。

巴布亞山蘇花

學名：*Asplenium nidus* 'Papua'

原產地：東南亞

巨型植株，葉披針形，寬大，葉緣波浪狀，幼葉直立，老葉過重而彎垂。

斑葉台灣山蘇花

學名：*Asplenium nidus 'Variegata'*

英名：Green wave leaf

　　台灣山蘇花之斑葉品種，株高25公分，葉中肋深綠褐色，葉緣波浪狀，葉色頗具觀賞性，但因綠色部分（葉綠素）較少，生長較緩慢。喜充足之間接光源，稍耐陰，最低限溫0℃。

▼葉面具與葉脈平行
　之白、綠交錯條紋

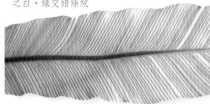

▶葉長披
　針形

▼葉片輻射狀生長

▶葉片兩面均呈現
　斑色

細裂葉鐵角蕨

學名：*Asplenium viviparum*

原產地：馬斯克林群島

　　小葉細長，或呈長條裂，以孢子、不定芽繁殖。

▼羽狀複葉

◀羽片具蝴蝶結般
　的不定芽

283

蹄蓋蕨科
Athyriaceae

Diplazium

過溝菜蕨

學名：*Diplazium esculentum*

英名：Vegetable fern

別名：山鳳尾、山貓、過貓、蕨貓

原產地：亞洲的熱帶及亞熱帶地區

　　台灣常見其成群生長在低海拔陰濕的山邊、水旁，對光線適應範圍大。幼葉為1回羽狀複葉，成葉為2～3回羽狀複葉。

烏毛蕨科
Blechnaceae

Blechnum

　　多分布於南半球，屬於熱帶蕨類，葉多1回羽狀複葉或羽狀裂葉，葉型單一或有二型，孢子囊群長線形，有囊群蓋。台灣本地產者有烏毛蕨。

富貴蕨

學名：*Blechnum gibbum*

英名：Dwarf tree fern, Miniature tree fern, Rib fern

別名：烏毛蕨、美人蕨、肋骨蕨、蘇鐵蕨

原產地：新喀里多尼亞、南美洲

　　常綠性多年生　株型優美，生長緩慢，體型稍大，常以盆栽方式擺置室內觀賞，亦可栽植於戶外樹蔭下溫濕處。

▲葉裂片寬線形

　　富貴蕨之屬名*Blechnum*意指蕨類，而種名*gibbum*意指拱形的，因其羽狀複葉自然彎拱狀；又因其羽葉上之小葉如肋骨般排列，故英名為Rib fern；經多年生長會形成一直立性莖幹，裸幹可高達90~150公分，外觀似樹蕨，因此也稱為Dwarf tree fern（矮性樹蕨）。羽狀深裂葉叢生莖頂，長可達100公分、寬30公分，整體幅射狀分布，新生嫩葉色澤較淺，成熟葉濃綠富光澤，全緣波浪狀。

　　生長適溫16~30℃，12℃以下易生長停頓而進入休眠期，不耐寒，盛夏燠熱可接受。耐陰性良好，陰暗處葉色濃綠而漂亮，半日照之明亮處，生長亦無問題。喜好潮濕空氣，不適合擺置在乾燥之冷氣房內。生長旺季須勤於供水，盆土需經常維持略濕潤狀，不可乾透。盆栽土壤可用培養土、粗砂與泥炭土各1份，加入骨粉或農用石灰，使土質略偏鹼性，每年換盆一次。施肥需低濃度，僅於生長旺季施用，休眠期施肥或肥料太濃均可能導致植物死亡。以孢子繁殖為主，繁殖期春夏季。

▲富貴蕨之莖幹黑色、披有鱗片

綴葉烏毛蕨

學名：*Blechnum spicant 'Crestata'*

　　黑褐色莖幹被覆鱗片，葉片中軸之棕色細毛易脫落。

▼葉片偶有二叉分裂

◀葉端較扭曲反捲

285

Woodwardia

東方狗脊蕨

學名：*Woodwardia orientalis*
英名：Oriental chain fern
原產地：中國、台灣、日本、琉球、菲律
　　　　賓

▲羽狀複葉

　　台灣中低海拔溪谷兩側常見，屬於中大型蕨類植物，羽葉長達1公尺。孢子囊群長腎形，凹入葉肉內。喜溫暖、通風、潮濕、明亮的生長環境。

▶孢子囊群著生於葉
　背裂片中肋兩側

▶葉面的不定芽可用
　以無性繁殖

桫欏科
Cyatheaceae

　　大多數蕨類植株矮小、草質、柔嫩纖細，本科蕨類之植株較高大，屬於樹蕨類，通常具有如喬木般的樹幹，少見分支，直立莖幹上長滿了氣生根。一至三回羽狀複葉叢生莖幹頂部，小葉細緻，總柄被毛茸和鱗片。孢子囊群著生於葉脈下表面。

Sphaeropteris

▶二至三回
羽狀複葉

筆筒樹、蛇木桫欏

學名：*Sphaeropteris lepifera*
英名：Common tree fern
原產地：台灣

　　分布於本省低海拔至1800公尺之山地陰濕處，株高6~10公尺或更高，幹徑約15~20公分。一年復一年，新生的氣生根層層疊加，莖幹愈加厚實。於室內大型空間以盆栽方式供觀賞，戶外可列植或群植，饒富自然情境。

　　大羽葉長約1.5~2公尺、寬80~160公分，葉背密被灰色之細小毛茸及鱗片。小羽片互生，長50~80公分。小葉互生，鐮刀形，長約50~80公分，葉端尾形銳尖，全緣，葉面綠而帶有黃褐暈色，葉背灰白。

　　一般以孢子繁殖。耐陽又可種在半陰處，土質以富含腐殖質的砂壤較理想，注意供水，土壤較喜好略潤濕。

▶單幹喬木狀

▼莖幹與葉柄密被黃
　褐色毛茸與鱗片

▼老葉脫落後之葉
　痕大而明顯

▼幹頂中心的幼芽成捲曲狀

闊葉骨碎補

學名：*Davallia solida*
原產地：緬甸、馬來西亞、太平洋島嶼、
　　　　菲律賓、蘭嶼、台灣南部

　　喜生長於低丘之潮濕陰暗樹林下，於林緣樹幹著生或岩生。粗大的根狀走莖密布鱗片。二至三回羽狀複葉，長達30公分，總柄長30公分，基部具關節。當天候惡劣時會落葉，僅以走莖度過極端乾旱、低溫環境。

▼如放大版的
　兔腳蕨

▲基部羽片最下方的
　小羽片特別長

蚌殼蕨科
Dicksoniaceae

Cibotium

▶根狀莖密披金黃色長毛，
　因其形如狗頭而得名

金狗毛蕨

學名：*Cibotium barometz*
英名：Lamb of tartary
原產地：中國、馬來西亞西部

　　多生長於山麓溝邊和林下陰暗處之酸性土壤，於東南亞，其金色絨毛因具有止血功能，被當作中藥而遭挖採，野生種數量已不多。多年生草本植物，株高2~3公尺，粗短之根狀莖幾乎橫臥地面。三回羽狀複葉，粗葉柄長達1.2公尺，基部密被黃褐色毛，羽葉革質，長2公尺、寬1公尺，葉緣淺鋸齒，葉面深綠色富光澤，葉背灰白色。

台灣金狗毛蕨

學名：*Cibotium taiwanense*
英名：Taiwanense cibotium
原產地：台灣

　　根莖粗短橫走狀，三回羽狀複葉，葉柄長70公分，羽葉長160公分、寬50~60公分，小羽片長15公分、寬1.5公分，葉面綠色，葉背白綠色。每一小羽葉上孢子囊群僅1至2。喜生長於陰濕之岩壁。

▲根狀莖長滿金色毛茸

▶葉柄長，深褐色至黑色

◀小羽片深裂具柄

鱗毛蕨科
Dryopteridaceae

Arachniodes

細葉複葉耳蕨

學名：*Arachniodes aristata*
英名：East indian holly fern
原產地：日本、琉球、台灣

　　著生環境包括地面林下、邊坡以及路旁，具長走莖，三回羽狀複葉，長35~70 公分、寬30公分，頂生羽片特別長，葉柄長 40~80 公分，葉軸具明顯凹槽、被紅褐色鱗毛，葉革質，羽片6~9 對，末羽片邊緣具芒刺，所有羽片之基部小羽片亦較長，小羽片長卵形。孢子囊群圓形，遍生於葉片背面，孢膜圓腎形。

Cyrtomium

多簇生型植物，粗肥地下根莖密覆褐色小鱗片。原產地在舊世界區域。一回奇數羽狀複葉或羽狀裂葉，小葉革質、網狀脈。總柄細長，近地表處密生鱗片。圓型孢子囊分散於葉背。

全緣貫眾蕨

學名：*Cyrtomium falcatum*
　　　Polystichum falcatum
英名：Fishtail fern, Japanese holly fern
原產地：日本、中國、印度、夏威夷

羽葉全長約60~72公分，小葉歪長卵、披針形，長5~10公分，葉面光滑濃綠並富有光澤，葉厚草質，側羽片6~14對。

▼小葉多為全緣，偶見細鋸齒

▼羽軸兩側孢子囊群多排

冬青蕨、齒緣貫眾蕨

學名：*Cyrtomium falcatum 'Rochfordianum'*
英名：Holly fern

為一園藝栽培品種，與原種在外部型態上的差異：葉緣鋸齒粗大明顯、葉形似冬青葉，葉身較寬闊，葉卵形，小葉端尾尖較明顯，枝葉較茂密，株高多30公分以下，植株較低矮、外型輪廓較美觀。性喜冷涼，生育適溫10~18℃。

耐陰性強，可耐低光度的室內角落。盆栽土壤須經常保持略潤濕狀，但短時間之土壤乾鬆，也不致立即造成永久萎凋。容忍性高，耐力強，生性強健，對人為依賴不如其他蕨類，較能容忍環境變動與人為忽視，於空氣濕度較低的室內空間生長也不成問題，是室內盆栽蕨類中相當容易照顧者。繁殖多用孢子或分株方式。

▼光線較明亮處之葉片較不致徒長

▼孢子囊散生於葉背

海金沙科
Lygodiaceae

Lygodium

分布於熱帶或亞熱帶地區。葉型變化多。孢子囊常成對排列於羽葉之裂片緣，具有苞膜，且如鱗片般具硬實感。

海金沙

學名：*Lygodium japonicum*
英名：Japanese climbing fern
原產地：日本至印度、澳洲北部、台灣

多年生草本，地下具匍匐狀根莖、被毛茸。根莖發出1~3回羽狀複葉。一般羽狀複葉不會有頂芽，頂生葉片不會延伸，海金沙非常特殊，羽狀複葉之中軸如莖枝般、似可無限延伸，不停地長出頂生羽片，且具纏繞性，複葉總長度可達10公尺以上。狀似蔓藤，其蔓性般的地上莖枝，只是羽狀複葉之中軸無限延伸。中軸發出互生的羽片，羽片外型輪廓似三角形，長寬均約10~20公分。每個羽片上又互生排列著不對稱之掌狀裂葉狀的小羽片，長約3~8公分。不會著生孢子囊的小羽片，以中央裂片較瘦長；會長孢子囊的小羽片，似乎較小，形成羽狀深裂葉。

可用孢子或壓條法繁殖，孢子囊群就長在裂片緣。具韌性的葉軸無限延伸，於庭園各處或郊外山區，常見其蹤跡。可種在吊盆或蛇木柱上任其攀纏，葉色鮮綠且葉型美觀又多變化，頗具觀賞性。

對光度需求頗有彈性，全陽至中度光照場所都可生長，但於盛夏直射強光下，葉色較泛黃，宜加布簾或移至間接光照處，於半陰光處之葉色較佳。土壤澆水不可過於頻繁，土壤太過潮濕不利生長。喜好高濕度的空氣環境，於陰濕處生長更加繁茂。喜稍冷涼氣候，以夜溫10~18℃生長較佳。

▼掌狀裂葉狀的
小羽片不對稱

◀小羽片3~5裂

觀音座蓮科
Marattiaceae

Angiopteris

具頭狀肉質直立之根狀莖,葉柄粗壯,基部有1對托葉,葉柄基部一群托葉構成類似蓮花般,類似觀音大士的蓮座,故稱觀音座蓮。葉片一至二回羽狀,葉基與葉軸或葉柄頂端處常有膨大的膝狀關節。

伊藤式原始觀音座蓮

學名:*Angiopteris itoi, Archangiopteris itoi*
原產地:台灣
別名:伊藤氏原始觀音蓮座蕨、伊藤氏古蓮蕨

臺灣特有種,一回羽狀複葉,葉柄長60~100公分,基部密披鱗片,具葉枕及托葉,羽葉長1~2公尺,孢子囊線形。

▲托葉形成蓮座狀以保護新芽

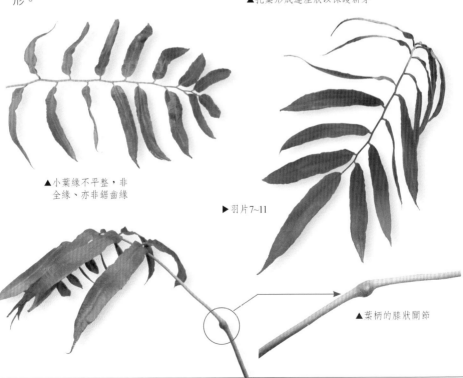

▲小葉緣不平整,非全緣、亦非鋸齒緣

▶羽片7~11

▲葉柄的膝狀關節

觀音座蓮

學名：*Angiopteris lygodifolia*

英名：Vessel fern

原產地：日本、琉球、台灣

　　臺灣低海拔山谷陰暗潮濕處常見。
大羽葉長1~3公尺，葉柄具關節。小葉
長 8~10 公分、寬 1.5~2 公分，葉基楔
形，葉端突尖至漸尖，葉緣鋸齒。喜陰
溼環境。

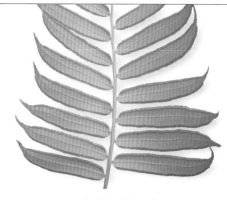

▲孢子囊群位於小葉片
側脈近葉緣處

◀二回羽狀複葉

▲8~12枚孢子囊集成孢子囊群

▼ 每一葉柄基部具2枚木質
化托葉，全體呈蓮花狀

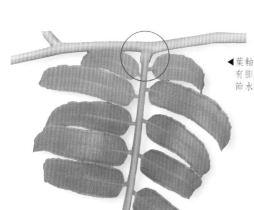

◀葉軸和羽片交接處
有膨大葉枕，可調
節水分蒸散

蘭嶼觀音座蓮

學名：*Angiopteris palmiformis*

原產地：菲律賓、泰國、琉球群島南端、
　　　　台灣的蘭嶼、恆春半島

株高3~4公尺，成熟葉二回羽狀複葉，長3~4公尺，總柄具關節，小葉長10公分、寬1.5公分，葉緣鋸齒。8~16枚孢子囊集成孢子囊群，著生於小葉側脈接近葉緣。性喜潮溼陰暗環境。

◀小葉披針形

▼幼葉為一回羽狀複葉

◀小葉基鈍圓，葉端漸尖，葉緣鈍鋸齒

Marattia

▶葉軸和羽片交接處有膨大的葉枕，具有調節水分蒸散的功能

觀音座蓮舅

學名：*Marattia pellucida*

原產地：台灣蘭嶼、菲律賓

株高2公尺，新芽密被鱗片。總葉柄具關節，基部之托葉老化會彎曲斷落。小葉片長披針形，長6~10公分、寬1~1.5公分，葉端銳尖，葉緣鋸齒。

孢子囊群位在小葉片側脈近葉緣處，外形似包子，中間有稜。性喜陰濕。

▼三回羽狀複葉，長達2公尺

▼每1葉柄基部具2枚托葉

腎蕨科
Nephrolepidaceae

Nephrolepis

英名統稱為Sword ferm，來自熱帶或亞熱帶地區之陸生性蕨類。植株常見短縮之直立根莖，其上被鱗片。一回羽葉，羽片和中軸連接處有關節，另外會產生走莖。本屬常見之室內植物波士頓蕨，對環境適應範圍廣，陰暗處至全陽明亮地，潮濕至乾熱地常見其蹤跡，室內盆栽、戶外露地種植都頗適合。

腎蕨、球蕨

學名：*Nephrolepis auriculata, N. cordata*
　　　N. cordifolia, N. tuberosa

英名：Erect sword fern, Fishbone fern
　　　Ladder fern, Sword fern

原產地：熱帶亞洲與非洲

具地下根莖，走莖末端形成圓形塊莖，直徑2~5公分，富含汁液可貯存水分，又名球蕨。根出葉，一回羽狀複葉，長30~60公分、寬5~6.5公分，葉軸具黃棕色之鱗片狀毛茸，羽葉中央之小葉較長、近兩端漸縮短而顯得寬胖。

羽片有小葉50~70，無柄，彼此間密接，呈二列狀整齊有序，小葉長橢圓形，綠色，葉端鈍，葉基歪，另具1耳片，葉緣銳鋸齒。孢子囊群近葉緣，位於小脈頂端，囊群蓋圓腎形。

分布範圍相當廣泛，台灣平地隨處可見，不論向陽地或陰暗處，路旁、山坡間，岩石縫隙或樹幹，尤其喜歡著生於一些棕櫚植物粗幹上，只要有一點立身空間，就得以立足，相當耐寒。

▼常成群生長

長葉腎蕨

學名：*Nephrolepis biserrata, N. ensifolia*

英名：Bold sword fern, Coarse sword fern
Purple-stalk sword fern

原產地：本省、蘭嶼、泛熱帶地區

　　一回羽狀複葉，鮮綠色，羽葉長
120~200公分、寬10~30公分，長而呈
彎垂狀。鐮刀狀的小葉長15公分、寬
1.5~2 公分，緣略有鋸齒，革質。性喜
溫暖、半陰與潮濕環境，生長適溫
16~26℃。

　　生長環境要求不多，生性強健，地
下根莖具蔓延性，戶外陰濕地種植時需
界定其生長範圍，免得失控，到處生
長。耐陽，種在海岸地帶亦不成問題。
於陰暗處之岩壁、或樹幹常成群著生，
自然形成一大族群。

▲喜著生於樹幹表面

綴葉腎蕨

學名：*Nephrolepis cordifolia 'Duffii'*

英名：Lemon button fern

原產地：本省、蘭嶼、泛熱帶地區

　　體積小，株高30公分、幅徑24公
分。葉橢圓、圓形，形似鈕扣。葉軸綠
色，具溝槽，披白色細毛。小葉幾無葉
柄，葉綠色，全緣或鈍鋸齒。需明亮的
間接光，土壤保持濕潤，需高空氣濕
度，不耐寒，生長最低限溫4℃。

波士頓蕨

學名：*Nephrolepis exaltata 'Bostoniensis'*

英名：Boston fern

　　聞名遐邇的波士頓蕨，生長勢旰
盛，一回羽狀複葉，羽片較寬闊，羽葉
長約50~100公分，披針形、翠綠色小
葉，平出、葉緣波狀，葉端略扭曲，小

葉長6~8公分。

　　喜好冷涼，生長適溫10~18℃，最
低限溫15℃，夏日高溫促使其快速生
長。夏日宜遠避強烈之直接日照，冬日
的柔和陽光則可多接觸，以明亮非直接
日照較適宜；耐陰，可忍耐低光。

波士頓蕨雖喜高空氣濕度，頗適應一般室內環境，甚至有空調的室內，只是空氣太過乾燥，介殼蟲、粉介殼蟲較易發生。蚜蟲、紅蜘蛛、薊馬或粉介殼蟲危害時，最好不要用殺蟲劑，以肥皂水噴灑控制。於通風口之風力太強處，生長會受影響。盆栽用土可採用培養土、粗砂與腐葉土（或泥炭土）之1:1:2混勻。若做吊盆為減輕重量，則泥炭土與蛭石（或珍珠砂）相同份量混合使用。土壤pH值6~7較適合。稍具有耐旱力，每次待盆土乾鬆後，再補充水分。生長旺季盆土需常維持略潤濕，切忌粘濕狀。布滿葉片之盆缽，若澆水不易滲入時，可採用浸泡方式供水。另澆水最好不要直接灑在葉片上，免葉片積水造成水腐。薄量濃度肥料於生長旺季每月施用1次。換盆不需太勤快，1~2年1次於春季換盆，由小植株漸漸長大，每年換盆時只需使用大1號尺寸的盆缽，並修剪過多的根群與萎黃的老葉、走莖等。不會著生孢子，只能利用走莖頂端接觸土壤而發生的小植株或分株法來繁殖。適合室內盆栽或吊缽栽植，以美化居室環境。戶外可地被栽植或應用於岩石假山。葉片亦可切葉插花使用。

品種概述如下：

- cv. *Bostoniensis Compacta*（Dwarf boston fern）：羽葉更形密簇，小葉具不規則的波狀緣，葉端更加明顯。
- cv. *Mini Ruffle*：迷你袖珍種，羽葉長度多不超過6公分，2~3回羽狀複葉，羽葉直立少見彎垂，小葉精細且捲曲密簇，適合小品盆栽或瓶植。
- cv. *Verona*（Verona lace fern）：羽片瘦長、細軟、彎垂向下，2~3回羽狀複葉，黃綠色小葉形成纖絲狀，葉片極細緻，最好不要噴水於葉面，水

分貯留葉間細小縫隙，易造成葉片腐爛，室內空氣高度悶濕時亦會如此。

- cv. *Florida Ruffle*：2~3回羽狀複葉，羽片上密集著生細碎且扭曲的小葉片，大羽葉直挺有力，長達60公分，中型植株。
- cv. *Fan dancer*或cv. *Bostoniensis Aurea*（Fan dancer fern）：1回羽狀複葉，小葉披針形直出，少有扭曲現象，小葉片彼此密接、黃綠色。
- cv. *Whitmanii*（Feather fern, Lace fern）：中型植株，2~3回羽狀複葉，小裂片長條扭曲狀，質感細緻，葉色翠綠。
- cv. *Teddy Junior*：1回羽狀複葉，羽葉密簇。小葉寬線形、波浪扭曲狀，所有小葉於羽葉呈規則二列狀，整齊中卻暗藏變化。新葉黃綠，後轉翠綠色。.

▲具細長走莖

▲長羽葉易彎垂

密葉波士頓腎蕨、蕾絲蕨

學名：_Nephrolepis exaltata 'Corditas'_
原產地：熱帶亞洲、非洲

　　密簇型植株，2~3回羽狀複葉，葉片扭曲捲縮。小葉片數多且細小精緻、緊密簇擁，整個羽葉彷彿蕾絲細花邊。

細葉波士頓腎蕨

學名：_Nephrolepis exaltata 'Crispa'_

　　大羽葉前端之小羽片較細緻，小羽片翠綠色、圓鈍深裂，適合作為室內小品盆栽。

▲新葉黃綠色

▲小葉羽狀裂葉

虎紋腎蕨

學名：_Nephrolepis exaltata 'Tiger'_
英名：Boston Tiger fern

　　株高45~60公分。羽葉軸披褐色細毛，小羽片長三角形，為少見的斑葉蕨類。喜充足的間接光源，濕潤、排水良好之土壤，空氣濕度需求高，生長尚快速。

▼葉面翠綠，具不
規則黃色斑條

▲小羽片緊貼葉軸密生，
覆瓦狀排列

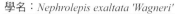

捲葉腎蕨

學名：*Nephrolepis exaltata 'Wagneri'*

▶小羽片波浪
狀扭曲

▶羽片直出，株高可
達90公分

魚尾腎蕨

學名：*Nephrolepis falcata 'Furcans'*
英名：Giant sword fern
　　　Purple-stalk sword fern
原產地：熱帶地區

羽狀複葉長1~2公尺、寬10~25公分，葉柄長40~60公分，基部被黑褐色鱗片。小羽片長披針形，近無柄，葉基圓形，長8~18公分、寬1~2公分，葉面翠綠，葉脈游離，側脈1~2次分叉未達葉緣，葉緣鋸齒。

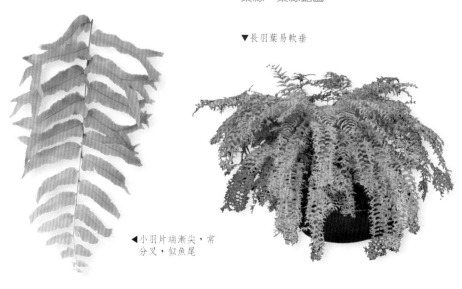

▼長羽葉易軟垂

◀小羽片端漸尖，常
分叉，似魚尾

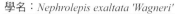

紫萁科
Osmundaceae

Osmunda

粗齒革葉紫萁

學名：*Osmunda banksiaefolia*

英名：Grossdentate osmunda

原產地：中國大陸、菲律賓、日本、琉球、臺灣

　　臺灣低海拔溪澗旁常見。直立短莖，羽葉叢生，地下根莖既粗又大。株高100~150公分。1回羽狀複葉，羽片又厚又硬。小葉長 10~20 公分、寬1.5~2 公分，長披針形，革質，葉緣粗鋸齒。喜高濕氣之陰涼環境。

鹿角蕨科
Platyceriaceae

▼葉分二型

Platycerium

　　本屬蕨類英名統稱為Staghorn fern, Elk's-horn fern, Antelope-ears，因其葉片形似麋鹿之角而得名。多屬於氣生型植物，常附生於樹幹或岩壁、峭壁面，植株體自然垂懸於空氣中，形態優美。主要原產地在舊世界之熱帶或亞熱帶地區，來自熱帶者，耐寒力較差，對台灣平地氣候多適應良好，容易養護栽培。來自溫帶地區者，雖能容忍酷寒嚴霜，卻怕夏季嚴熱，度夏較困難。環境適應彈性廣，無論是潮濕之半陰地、熱帶雨林區，甚至空曠地都可生存。人為栽種時，可利用通氣良好的栽培介質，如蛇木板，蛇木盆、粗質水苔、泥炭土與樹皮塊、園藝用煤塊或輕石、甚至土壤來種植，常以懸掛方式供觀賞。

鹿角蕨之葉分二型，一者大型明顯，伸展於空氣中，狀似麋角，葉面密覆毛茸，孢子囊群集生於葉端，稱為孢子葉、生殖葉或能育葉；另一者不產生孢子，葉片較小呈圓、橢圓或扇形，密貼於所依附之物，春夏新長出者嫩綠，秋冬則枯萎轉變成紙質褐色，稱為營養葉，不育葉。多數種類之營養葉向上朝外展開，與樹幹間形成凹槽，可藉以收集落葉、昆蟲屍體、雨水等，以提供本身所需之水、養分。少數種類之營養葉緊貼於樹幹或蛇木板上，靠葉片老化更新以提供養分來源。

初學者不易利用孢子繁殖，即使孢子發芽，小芽苗處理亦不易，常於未長大前死亡。大株的麋角蕨具有冠芽，於春或早夏，地下根莖生長較具活力時，進行分株繁殖較易成功。多芽性者具不定芽，可採分芽繁殖。植株基部於不育葉之葉緣，可能發生萌蘗，待長得夠大易於處理時，摘下另行種植。

不須直射光，以明亮的間接或反射光線較適宜。盆栽用土宜通氣且疏鬆，以水苔、泥炭土與砂壤各1份混勻使用，植物定植後，盆土表面再覆加2.5~5公分的水苔，不育葉較不至乾枯失水而提早褐化。若種在蛇木板上，夏天需水殷切，每星期1~2次，將整個蛇木板（植物部分最好不要）充分浸在清水中，至少15分鐘，瀝乾水分後，再吊掛起來。秋冬每1~2星期浸泡一次即可，寒流來襲時，宜保持乾爽較不易受寒害。盆栽澆水最好於2次澆水間，讓土壤有乾鬆、通氣機會。

適合生長的空氣相對濕度為70%，低至50~60%也還可忍耐，因為葉片表面有一層臘質，較之其他蕨類植物，較不需高濕度的空氣環境，因此頗適合擺掛室內供觀賞。

施肥多以液狀稀薄肥料澆於盆中土面、或噴施細霧於葉面。亦可添加速效肥料於清水中，將附著植物的蛇木板，採浸入方式供肥。

病蟲害需注意蚜蟲、介殼蟲、紅蜘蛛與薊馬的危害。尤其光線差，植物體龐大、密集，空氣滯留通風不良時，易感染病害蟲。最好不要使用殺蟲劑，清水中加入肥皂，製成肥皂水來噴施，可有效防止。

▶不育葉轉變成紙質之淺褐色

圓盾鹿角蕨

學名：*Platycerium alcicorne*

原產地：非洲東南方、馬達加斯加島東南端

　　根狀莖短，披褐色鱗片，不育葉之葉面蠟質，無毛，徑32公分，革質無齒裂；生育葉長可達60公分，葉基漸狹、葉端較開闊且分裂，被覆星狀毛。孢子囊著生於生育葉裂部前端。生長最低溫5℃。

▲不育葉圓卵形

▶著生於蛇木板上

▶生育葉端多分叉

安地斯鹿角蕨、天使的皇冠

學名：*Platycerium andinum*

原產地：秘魯、玻利維亞境內的安地斯山脈西側區域

別名：美洲鹿角蕨

　　為南美洲唯一的鹿角蕨，原生育地為乾燥的熱帶森林，降雨稀少。常圍繞樹幹生長一圈，而被稱為天使的皇冠。全株披白色細短毛，多芽型，具不定芽。生育葉可長達2公尺。孢子囊群著生於第二分叉處，呈暗褐色。

　　臺灣不易種植，水一多即爛根，介質給水半溼即可，待全乾後再供水。不喜高溫，喜愛充足陽光，遮光不得高於50%，最低限溫15℃。

▶生育葉多回2~4叉分裂，翠綠色

◀不育葉上揚，葉端分裂

麋角蕨

學名：*Platycerium bifurcatum*

別名：二叉鹿角蕨、蝙蝠蕨、鹿角山草

原產地：澳洲東部、波里尼西亞、巴布亞新幾內亞、新喀里多尼亞群島

　　此乃台灣較常見的一種，主要觀賞之生育葉會上揚伸展，或彎垂向下，表面密布柔毛，多回二叉分歧，易生側芽；具柄，柄長7.5公分，葉長90~100公分，革質，葉背綠或泛灰白光澤。不育葉圓腎形，葉面徑約30公分，新嫩時鮮綠色，漸轉枯乾之淺褐，緣波狀或淺裂，彼此疊生。野外，不育葉貼附樹幹表面，收集該植物維生之水分與營養物。孢子囊群密集著生於生育葉背面之裂片頂端，範圍可達分裂處，成熟時褐色。

　　不須直射陽光、半陰半日照、相對濕度70~80%生育較好。生長適溫16~21℃，超過35℃高溫，葉尖易乾枯，可耐寒近0℃。生命力強勁、對環境適應廣，適合人為栽培，僅需不多的照顧，就能生長良好。栽培相當普及，也衍生出許多品種：

- cv. *Majus*：葉色較綠，生育葉初直立向上伸展，分裂後才向下垂彎，裂片較原種短小。
- cv. *Netherlands*：生育葉數量多且密簇，葉色灰綠，較短小，深裂，裂片窄而下垂。
- cv. *Robert*：葉色灰綠，生育葉質厚硬挺，半直立性，較深裂。
- cv. *San Diego*：葉色暗綠，無毛茸，頂端裂片顯得瘦長且質較薄。
- cv. *Ziesenhenne*：類似原種，暗綠色的生育葉較小，深裂，裂片瘦長，生長慢。
- var. *lanciferum*：生育葉深叉狀分裂，裂片瘦長，寬僅1.8公分。

布魯米鹿角蕨

學名：*Platycerium 'Bloomei'*

　　不育葉近圓形，堆疊包覆於著生物上，老化乾枯後呈淺褐色；生育葉直立，翠綠色，葉端深裂，中肋明顯。孢子著生於生育葉裂片最前端。

皇冠鹿角蕨

學名：*Platycerium coronarium*

原產地：東南亞

全球分布較廣，株高4公尺。不育葉厚而高大；生育葉長而扭曲，第一分岔出2短1長，長可達3公尺。孢子囊群位於湯瓢形小裂片上。

栽培地點需提供充裕空間讓生育葉自然下垂。不耐寒，生長最低限溫15℃。

▶高挺上揚的不育葉，頂端裂如皇冠

▶生育葉多回二叉分裂

象耳鹿角蕨

學名：*Platycerium elephantotis*

原產地：非洲中部

不育葉扇形上揚，上緣波浪狀。生育葉下垂，不分裂，巨大且寬闊如象耳，長達1公尺，於冬季枯萎，翌春長新葉，呈現明顯週期性變化。孢子長橢圓形，孢子囊群著生於生育葉端。生長最低限溫15℃。

◀盆植幼株

▶生育葉於夏末初秋長出綠色新葉

▶不育葉過冬後春天褐化枯乾

愛麗絲鹿角蕨

學名：*Platycerium ellissii*

原產地：非洲東北角與中部東側

　　生育葉近頂端較寬大、2裂。孢子囊群密生於分裂處前端，黑褐色。需高空氣濕度，生長適溫15~32℃。

▲不育葉圓形，革質具光澤

▼生育葉面深綠、背銀白色

佛基鹿角蕨

學名：*Platycerium 'Forgii'*

　　全株披白色細毛。不育葉圓盾形，堆疊包覆於著生處，幼葉淺綠色，老化後逐漸轉褐色，葉緣波浪；生育葉細長直立，葉端淺裂。

大麋角蕨、巨獸鹿角蕨

學名：*Platycerium grande*

英名：Regal elkhorn

別名：壯麗鹿角蕨

原產地：澳洲東部至菲律賓、新加坡

　　單芽型之大型附生植物，全株光滑無毛茸。葉分二型，不育葉，徑80~120公分，扇形，葉端2叉狀分裂，裂片寬闊，裂端鈍頭，灰綠色之葉面上有著暗色的葉脈紋路。生育葉彎垂狀，長90~180公分，叉狀成對分裂，裂片隨齡增加且變長。裂片彎曲之寬闊處，會形成2半圓形的孢子囊群塊。

　　不需直射強光，明亮之非直射光處較適合，栽培介質或附生物需常保潤濕，高空氣濕度生長快速。於熱帶或亞熱帶庭園之樹木上附生良好，若人為栽培，冬日寒冷時，植株及介質須保持乾燥。本種類似超級棒鹿角蕨（*P. superbum*）不同處，本種之孢子囊群非1塊，而是2塊。本種對冷更敏感，較不耐寒，生育環境需較溫暖，生長適溫16~26℃，最低限溫15℃。

◀位於上方被不育葉包覆的生育葉

▶不育葉彼此鋪布緊貼附生物

立生麋角蕨、昆士蘭鹿角蕨

學名：*Platycerium hillii*
英名：Stiff staghorn
原產地：昆士蘭

　　不育葉圓形，片片疊覆，緊貼附生物。生育葉半直立性，至分裂處彎垂，長達90公分，葉形扇狀，由葉基漸加寬至葉端淺裂，裂片長度不及全葉長的1/3，裂片寬闊，寬達7.5公分，濃綠色。孢子囊群著生於裂端背面。喜半陰或非直射光之溫暖環境，空氣濕度不需太高，耐寒力較差，生長適溫16~26℃，最低生長限溫10℃，頗適合台灣平地的室內環境，易栽培。

荷氏鹿角蕨、何其美鹿角蕨

學名：*Platycerium holttumii*
原產地：柬埔寨、寮國、越南、泰國及中南半島

　　單芽型，不育葉之葉緣鋸齒、近芽處無鋸齒；生育葉2片，較短，分叉少，楔形，每片各具一小的上揚葉片及大的下垂葉，兩者均具孢子囊斑。生長最低限溫15℃。

▼附生於蛇木板

▼不育葉高大，形似珊瑚

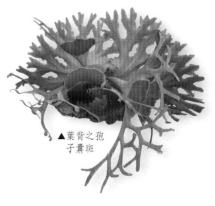

▲葉背之孢子囊斑

普米拉鹿角蕨

學名：*Platycerium 'Pumila'*

　　全株披白色細毛。不育葉圓盾形，老化會逐漸轉為褐色，葉緣波浪狀，疊覆包被於附生物上；生育葉細長三角狀，直立，葉端2回分叉。

猴腦鹿角蕨、馬來鹿角蕨

學名：*Platycerium ridleyi*
原產地：馬來半島、蘇門答臘中部、婆羅
　　　　洲北部

　　單芽型，包覆樹幹之圓形不育葉內常有蟻巢，隆起的葉脈便是螞蟻的通道，根莖特別長。孢子囊群著生於生育葉小裂片。生長最低限溫18℃。

◀如鹿角上揚
　之生殖葉

▶不育葉之葉脈隆
　起，似猴腦而得名

三角鹿角蕨

學名：*Platycerium stemaria*
原產地：非洲中西部

　　多芽型，不育葉高大，葉緣波浪狀，葉背多毛。生育葉寬短下垂，每一裂片約等大，孢子囊群著生於第一分裂處，熟時暗褐色。喜低光多濕，不耐寒，生長最低限溫18℃。

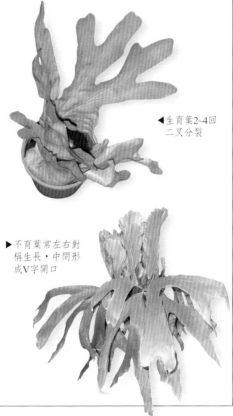

◀生育葉2~4回
　二叉分裂

▶不育葉常左右對
　稱生長，中間形
　成V字開口

超級棒鹿角蕨

學名：*Platycerium superbum*
原產地：澳洲

　　單芽型，大型附生植物，全株幾乎光滑無毛茸。碩大的營養葉，長達1~1.3公尺，葉緣上端深裂且前翻，主要作用乃為收集落葉及雨水。生殖葉長1~2公尺，葉端淺裂，每裂葉之葉端分叉處具一橢圓形孢子囊斑。生長最低限溫15℃。

銀鹿角蕨、直立鹿角蕨

學名：*Platycerium veitchii*
原產地：澳洲東部

　　多芽型，盆栽株高45公分。生育葉之葉面被覆毛茸，葉背披白色星狀毛，直立向上伸展、僅葉端下垂，掌狀二叉分裂，孢子囊密布於葉裂端。耐乾燥、喜強光。生長最低限溫15℃。

▼不育葉之葉緣指狀分裂

▲生育葉上揚

▶盆植

瓦氏鹿角蕨

學名：*Platycerium wallichii*

原產地：印度、泰國、中南半島、中國大
　　　　陸

　　附生性，單芽型。不育葉之葉基圓腎形，葉端波狀淺裂、深淺不一，頗高大、外展。生育葉扇形，長90~100公分，革質、易下垂，密布細白毛，葉背灰綠。表面葉脈色淺而明顯，主裂片分叉處有孢子斑塊向外翻轉。生長最低限溫15℃。

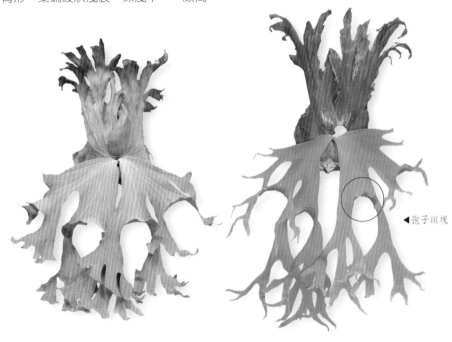

◀孢子斑塊

瓦魯西鹿角蕨

學名：*Platycerium 'Walrusii'*

　　全株披白色細毛。不育葉圓盾形，葉緣波浪狀鋸齒；生育葉二回二叉裂，青灰綠色，葉背淺綠色，直立，葉端下垂。

女王鹿角蕨

學名：*Platycerium wandae*

原產地：新幾內亞

　　世界最大之鹿角蕨。單芽型，不育葉高聳直立，前端不規則分裂，幅寬2公尺；生殖葉具2裂片，小者上揚、大者下垂。18℃以上生長較佳，10℃以下生長受限。

長葉麋角蕨

學名：*Platycerium willinckii*
　　　　P. bifurcatum subsp. willinckii

原產地：爪哇、印尼、巴布亞新幾內亞

　　為大型的附生性麋角蕨，不育葉直立向上，葉形初呈歪圓心形，而後葉片上端會呈鹿角狀的缺裂。生育葉革質，長50~200公分，葉端呈數回二叉分歧裂，初直立向上、而後彎垂向下，裂片數目頗多，裂條形狀狹長而窄細。全株灰綠色，密覆白色綿毛，裂端之初生銀白毛茸，特別銀光閃耀。葉柄短小，不及1.2公分。耐寒至5℃。

　　與麋角蕨不同處：裂片數更多，裂片瘦長窄細。全株泛銀白光澤。孢子囊群生長處僅於裂片端，多未達分裂處。整體長度更可觀。較不耐寒。

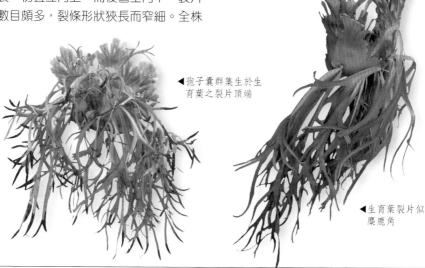

◀孢子囊群集生於生育葉之裂片頂端

◀生育葉裂片似麋鹿角

水龍骨科
Polypodiaceae

Aglaomorpha

連珠蕨

學名：*Aglaomorpha meyeniana*

原產地：台灣、菲律賓

　　為台灣稀有瀕臨滅絕的植物，分布海拔 300 公尺以下谷地森林之樹幹上。根莖肉質，外披紅棕色鱗毛。葉長30~120公分、寬 10~20 公分，革質。喜充足側光且高濕度環境。

▲孢子囊群圓形，僅分布於葉片上段

▲孢子囊群著生處之羽片緊縮，於羽軸附近呈念珠狀

▲一回羽狀深裂葉

◀葉自地際粗大之匍匐狀根莖發生

313

Colysis

萊氏線蕨

學名：*Colysis wrightii*

原產地：台灣

　　常見於溪邊以及森林底層陰濕處或岩石上，是林下的優勢植物。根莖匍匐狀，被褐色鱗片。葉倒披針形，長20~45公分、寬2~4公分，葉緣波浪狀，葉柄草褐色、具翅翼。孢子囊群長線形，沿側脈上連續著生，無孢膜。

Lecanopteris

橘皮蟻蕨

學名：*Lecanopteris lomarioides*

原產地：菲律賓、西里伯斯

　　生長在熱帶雨林內，肉質根莖易分枝，附生於樹幹，內部中空，外觀類似橘皮、密布橘褐色鱗片，此特殊結構可吸收螞蟻多餘的排泄物，螞蟻居住其中、互利共生。株高30公分，葉翠綠色，羽狀脈，葉背黃綠色。耐陰，介質可採用樹屑混合泥炭苔，需排水快速，喜較高的空氣濕度。

▲孢子著生於葉背主脈兩側

▼羽葉深裂近中肋

▲羽狀深裂

壁虎蟻蕨

學名：*Lecanopteris sinuosa*
原產地：菲律賓、西里伯斯

▼根莖肉質，密被
白色圓鱗

▶葉長橢圓
至線形

中空的肉質根莖可供螞蟻居住。葉柄長2~7公分，葉長15~30公分、寬2公分，葉基漸狹，葉端鈍圓。孢子囊群於主脈兩側平行排列，近於葉端。

Microsorum

　　中、大型植物，主要分布於亞洲熱帶，少數非洲。多陸生、岩生或附生於樹木上。根狀莖短，匍匐狀，表面被棕褐色鱗片。單葉，多披針形，偶戟形或羽狀深裂，葉柄基部有關節，網狀葉脈，草質或革質，多光滑無毛與鱗片，葉形變化多。孢子囊著生於葉背，圓形或橢圓形，成熟後深褐色。喜多濕環境，直射日照不宜，喜明亮之非直射光，過於陰暗之室內亦生長不良。土壤需排水良好，微酸至中性，生長旺季需常保持略濕潤。以孢子或分株法來繁殖。

鬚邊長葉星蕨

學名：*Microsorum longissimum 'Cristatum'*
原產地：台灣、菲律賓

　　葉直立，葉片網脈色深而明顯，中肋凹陷，葉端1/3至1/2羽狀深裂，裂片漸細長似鬚邊，故名之。葉緣波浪狀，葉端略彎垂，偶反捲。

鱷魚皮星蕨

學名： *Microsorium mussifolium*
'Crocodyllus'

原產地： 台灣、菲律賓

株高30公分。葉長60~75公分，葉倒披針狀，青綠色，網脈明顯，葉緣淺波浪狀。不耐熱、喜陰涼，溫度高於18℃時易造成葉片脫水，生長最低限溫15℃。

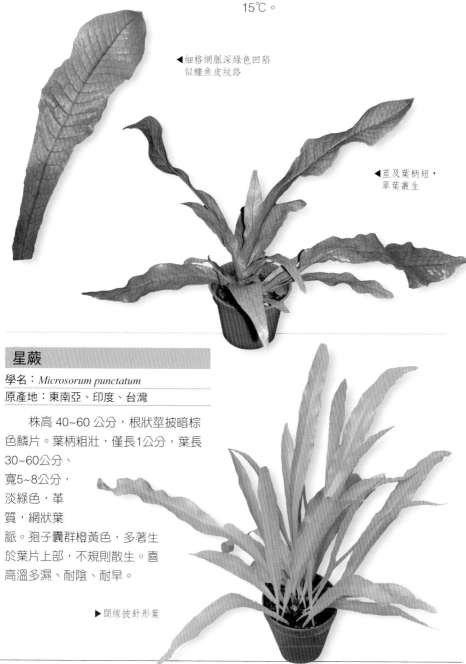

◀細格網脈深綠色凹陷似鱷魚皮紋路

◀莖及葉柄短，單葉叢生

星蕨

學名： *Microsorum punctatum*

原產地： 東南亞、印度、台灣

株高 40~60 公分，根狀莖披暗棕色鱗片。葉柄粗壯，僅長1公分，葉長30~60公分、寬5~8公分，淡綠色，革質，網狀葉脈。孢子囊群橙黃色，多著生於葉片上部，不規則散生。喜高溫多濕、耐陰、耐旱。

▶闊線披針形葉

龍鬚星蕨

學名：*Microsorum punctatum 'Dragon Whiskers'*

全株被毛，根狀莖披黑褐色披針狀鱗片。葉長橢圓至披針形，長15公分，無柄，葉緣中裂成鬚狀，中肋深綠至褐色。黑褐色孢子囊群呈球狀。

魚尾星蕨

學名：*Microsorum punctatum 'Grandiceps'*

葉長30~60公分，主脈凸顯，葉端擴大2~3回分叉波浪狀曲摺彎曲，葉無柄。

▶單葉叢生

▲▶葉端狀如魚尾

317

鋸葉星蕨

學名：*Microsorum punctatum 'Laciniatum Serratum'*

原產地：菲律賓

　　株高30公分、幅徑30公分。無葉柄，叢生自根狀短莖，葉片僅中肋凸出明顯，葉緣深淺齒牙不一、波浪狀。

◀葉緣齒牙如鋸子

二叉星蕨

學名：*Microsorum punctatum 'Ramosum'*

　　株高30公分、幅徑25公分。無葉柄，葉僅中肋凸出明顯。

▶葉端二叉分枝、再分枝

▲葉片自地際叢生

卷葉星蕨

學名：*Microsorum punctatum 'Twisted Dwarf'*

全株有毛，根狀莖披綠、黑色細毛。葉片直立短縮扭轉，長15公分、寬3公分，葉緣波浪狀。孢子囊群著生於扭轉處的葉背。

長葉星蕨

學名：*Microsorium rubidum*

羽狀裂葉，裂至中肋，裂片披針形，中肋白綠色。孢子囊群橢圓形，排列於葉背裂片之主脈兩側。

反光藍蕨

學名：*Microsorium thailandicum*
原產地：泰國、柬埔寨

葉狹線形，長25~40公分、寬2公分，葉端漸尖，葉基漸狹，全緣，中肋凹，新葉綠色，老葉呈現金屬藍綠色。孢子囊群多著生於葉端部分，圓形，成熟為黑色。

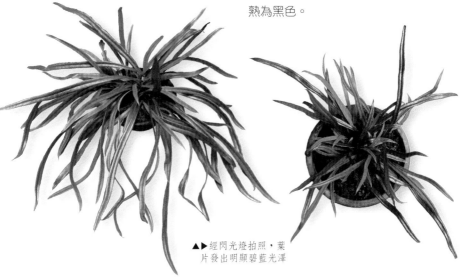

▲▶經閃光燈拍照，葉片發出明顯碧藍光澤

Phymatodes

海岸擬茀蕨

學名：*Phymatodes scolopendria*

原產地：台灣、菲律賓、馬來半島、琉球、中國大陸

別名：琉球金星蕨、海岸星蕨、蜈蚣擬茀蕨

　　生長於沿海或近海的石礫地、山溝和礁岩等處。附生植物，匍匐延伸的根莖粗壯且發達，易分枝，外表被覆黑褐色鱗片。葉肉革質，葉軸有翅翼，葉面光滑，葉柄基部具關節，葉一回羽狀深裂、裂片2~5對。孢子囊群圓形，熟時褐色，凹陷於葉肉組織間。

▶孢子囊群於裂片中肋兩側一至二列分布

▼植株優美栽培容易，常運用於戶外造景

Pyrrosia

齒邊石葦

學名：*Pyrrosia lingua 'Creatata'*

全株披淺褐色細毛，單葉基生，披針形葉，葉面深綠色、葉背銀白色，葉柄黃褐、銀褐色，葉緣鬚狀齒牙、深淺不一。

彩葉石葦

學名：*Pyrrosia lingua 'Variegata'*
英名：Variegated tongue fern
原產地：日本、東亞

株高30公分、幅徑60公分，短匍匐狀根莖，全株披白色細毛。葉披針形，葉緣波浪狀。喜排水良好的弱酸性土壤，生長最低限溫-10℃。

▶深綠色葉面上偶有淺綠色斑條

▶圓形孢子囊群生於葉背脈上

▶單葉直立，葉柄細長草桿色

松葉蕨科
Psilotaceae

Psilotum

松葉蕨

學名：*Psilotum nudum*
英名：Pine-leaved orchid
別名：松葉蘭、鐵掃把、石龍鬚
原產地：熱帶、亞熱帶

全株地上部酷似成簇松葉而得名，地下根莖披褐色光滑鱗片，地上莖綠色，二叉分歧且具稜邊。單葉極小，葉草質，鱗片狀，長0.2公分，無柄亦無葉脈，緊貼小枝生長；生育葉則呈二叉分裂。孢子囊群蒴果狀，著生於生育葉的葉腋。喜溫暖潮濕環境，常附生於桫欏科類植物的莖幹上。

鳳尾蕨科
Pteridaceae

Calciphilopteris

戟葉黑心蕨

學名：*Calciphilopteris ludens*
原產地：中國雲南、東南亞

喜生長於森林溪流邊石灰岩地，喜陰濕。植株高60公分，匍匐根狀莖長而橫走，密覆栗黑色披針狀鱗片。葉柄長20~40公分，亮栗黑色，疏被棕色短毛。葉紙質，徑10~25公分，葉面灰綠色，葉背黃綠色，葉基心形。孢子囊群位於生殖葉裂片邊緣。

▲葉形具觀賞性

▶葉掌狀淺至中裂
3~5或戟形

Onychium

日本金粉蕨

學名：*Onychium japonicum*
英名：Japanese clave fern
原產地：日本、台灣

台灣低海拔林緣常見，株高60公分，根莖匍匐狀延伸頗長。3~4回羽狀深裂葉或複葉，末回小羽片裂成鳥趾狀。植株整體顯得非常細緻，頗具觀賞性，喜遮蔭之潮濕環境。

Pityrogramma

金粉葉蕨

學名：*Pityrogramma sp.*
原產地：美洲

葉片細小精緻，羽葉自然彎垂，葉色翠綠、整體株型非常優美。葉柄長20~25公分，紅褐色，基部具鱗片。2回羽狀複葉，小葉羽狀深裂，長30~60公分，葉背披白色或金色鱗粉，蠟質，可用以反射陽光，減少水分蒸散。

Pteris

多分布於熱帶地區的陸生種蕨類。因羽狀複葉基部的4個羽片，展開如蝶翼一般，故名為鳳尾蕨。具短莖，地下根莖橫臥、或斜上生長。由細長葉柄支撐著羽葉，自地表叢簇而生，1~4回奇數羽狀複葉，羽片對生或多片輪生，英名通稱為Brake table fern或Dish fern。小羽片多呈線、披針或長橢圓形，亦有羽狀裂葉。

整體枝葉纖細，株型小巧可愛，且根系不深，植株多直立性，頗適合盆栽、淺盤碟或玻璃瓶，羽片長而彎垂者，亦可種成吊缽，室內盆植頗具飄逸美感。環境適應力強，戶外岩石縫隙或牆面、基腳，常見自生植株蹤跡，值得推廣普及。

商業栽培多用孢子繁殖，乃蕨類植物較容易用孢子繁殖者。孢子萌發後，幼苗生長頗快，處理起來較容易。播下孢子後3個月，原葉體可分植，再過3個月孢子體也出現。再3個月就可以定植於3吋盆。另一種為分株繁殖，以其地下根莖分株。

耐陰性高，綠葉種可忍耐較陰暗角落，斑葉種則須較明亮場所。冬天，以微弱的直射陽光為佳。培養土再混加些泥炭土或質細、醱酵過的樹皮等，有利通氣與排水。根系生長力旺盛，1年可能就填塞整個盆缽，並於盆壁形成環跟，因此每年最好換盆

1次。耐旱力有限，生長旺季絕不可使盆土完全乾旱，需常保持適度潤濕，冬日寒冷時供水須減少。

空氣相對濕度70~80％生長良好，一般室內環境相對濕度較低也多可容忍。生長適溫10~26℃，性喜溫暖，頗適應台灣平地的氣溫，夏日可容忍至30℃，冬日可耐5℃低溫，但斑葉種較不耐寒。

春夏之生長旺季應多施肥，高濃度的化學肥料易發生藥害，稀薄濃度每星期澆用1次較安全，緩效性的化學肥料或廄肥、骨粉、牛糞等更好。注意毛蟲、芋蟲等會喫食羽葉，春天要防蚜蟲吸食幼嫩仍捲曲的芽葉。

細葉鳳尾蕨

學名：*Pteris angustipinna*
英名：Cretan brake
原產地：台灣

根狀莖及葉柄基部被栗棕色鱗片。2型葉：不育葉指狀或羽狀，頂生羽片線形，長15公分、寬0.3公分，端漸尖，葉緣細鋸齒；孢子囊群和蓋均為線形。

白玉鳳尾蕨

學名：*Pteris cretica 'Albolineata'*

英名：Variegated table fern

頗常見的室內盆栽，株高20~50公分。一回羽狀複葉，長15~40公分，每羽葉有小葉5~7片，小葉披針形，翠綠色，中間有一條明顯白色斑條，葉緣細鋸齒。喜溫暖、濕潤、間接光線充足的環境，忌強光直射，介質宜偏酸性，需透氣、排水佳。

銀脈鳳尾蕨

學名：*Pteris ensiformis 'Victoriae'*

英名：Silver-leaf fern，Victoria brake

別名：白斑鳳尾蕨、斑紋鳳尾蕨、斑葉鳳尾蕨

原產地：東亞、馬來西亞、澳洲

羽葉長10~30公分，小葉為掌狀3深裂葉，裂片為線形或羽狀裂，寬0.3~0.6公分，葉綠色，葉緣細鋸齒波浪狀。耐陰，耐養易栽，喜好高溫，一般乾燥室內亦生長良好。

▶中肋具銀白細羽狀斑條

◀株高15~35公分

▲1~2回羽狀複葉

石化野雞尾

學名：*Pteris cretica 'Wimsettii'*

　　株高70公分、幅徑40公分。一回掌狀複葉，葉柄長且直立，葉綠色，葉緣細鋸齒波浪狀，小葉披針、寬帶形，頂小葉較長，葉端偶出現2~3分歧。

翅柄鳳尾蕨

學名：*Pteris grevilleana*
原產地：中國、東南亞、台灣

　　1~2回羽狀複葉，革質，其中較大者為頂羽片或頂小葉，呈羽狀深裂葉；兩側小羽片左右對稱，深綠色，羽軸具翅翼，似長了翅膀的翼片，葉片中肋周圍及葉緣附近之綠色層次不同，葉柄栗褐色，直立細長。孢子囊群為葉緣反捲的假孢膜所包被。

白斑鳳尾蕨

學名：*Pteris grevilleana* var. *ornate*
原產地：馬來西亞和澳洲

　　株高45~60公分，與翅柄鳳尾蕨不同處乃其葉色，羽片近葉軸處具斑色。

琉球鳳尾蕨

學名：*Pteris ryukyuensis*
原產地：台灣、琉球

　　根狀莖披棕黑
色鱗片。葉柄黃褐
色，具溝槽，革質，1~2回羽狀複葉，
不育葉以頂生小葉片較長，其下具2~3
對小葉片，兩側對稱，小葉長披針形，
葉緣波浪狀；生育葉線形，葉緣反捲形
成假囊群蓋，孢子著生其中。

紅鳳尾蕨

學名：*Pteris scabristipes*
原產地：台灣

　　2~3回羽狀複葉，羽片或羽狀深裂
葉，葉軸具溝，新葉紅色，葉柄以及羽
葉中軸紅褐色，小葉或裂片呈闊披針或
寬帶形，中肋明顯，光滑革質，葉緣紅
色、淺波浪微鋸齒狀。孢子囊群聚於小
羽片葉背之葉緣。

半邊羽裂鳳尾蕨

學名：*Pteris semipinnata*

英名：Semi-pinnated brake

別名：半邊旗、單邊旗、半邊蕨

　　台灣分布於林下、溪邊陰溼地，株型為地上生，莖短直立、披鱗片，葉柄長20~60公分，亮黑紫色。整個大羽葉呈卵披針形，1回羽狀複葉，只有頂羽片為完整之羽狀深裂葉，小葉片半邊羽裂之梳齒狀，裂葉不對稱，裂片長條鐮刀形。孢子囊群線形，著生於小羽片邊緣。

烏來鳳尾蕨

學名：*Pteris wulaiensis*

原產地：台灣

　　根狀莖短而直立，披褐色卵圓形鱗片。1回羽狀複葉，小葉6~7對，大羽葉卵形、兩側對稱，長25~35公分、寬15~20公分，小羽片呈梳齒狀，小葉羽狀深裂。

中國蕨科
Sinopteridaceae

Pellaea

　　Pellaea 意指 dark in colour，乃因葉色多濃黑暗綠。英名泛稱Cliff brake，乃因喜歡生長在岩石峭壁的縫隙中，屬於體型小巧的岩生植物。多集中分布於溫帶地區與較冷涼之熱帶地區。根出葉之簇生型植株，體型多不高大。多為1~4回羽狀複葉，薄革質。孢子囊圓或橢圓形，多集生於葉背近葉緣處，由反捲之葉緣覆蓋保護。繁殖可用孢子，播種用介質之pH值不可太低，否則不易發芽，也可於春天進行根莖分株繁殖。自然生長的氣候環境多較冷涼，適合生長溫度5~20℃，冷涼之冬季生長較好，高熱的夏天生長較差。

鈕扣蕨

學名：*Pellaea rotundifolia*
英名：Button fern, New Zealand cliff brake
原產地：紐西蘭

　　植株不高，多30公分以下。具地下根莖，羽葉長30公分、寬3.5~4公分，小葉二列狀，圓至廣橢圓形，長1.3~1.8公分，平滑並富光澤，全緣，短柄暗黑褐色。喜好明亮之非直射光，冬日需移置窗邊較明亮處。適合淺盆廣口缽，每年換盆1次，根莖可以充分伸展，地上部也長得較繁茂。盆栽用土可用粗砂混合等量的腐葉土或泥炭土。pH值以6~7之稍酸性較理想，並加入腐熟廄肥。較耐旱，當地上部出現缺水徵兆時，及時大量澆灌多可恢復。若要植株長得好，宜保持穩定的土壤潤濕度，不可暴濕暴乾。空氣相對濕度40%以上即足夠。春夏生長旺季每月施肥一次，冷涼時不需施肥。喜好稍冷涼環境，具耐寒性，適合生長日溫20~27℃，夜溫10~16℃，0℃以下可短暫容忍。

◀葉濃綠革質，鈕扣狀

◀一回羽狀複葉

▼枝條由中央向四周貼地伸展

▶枝條紅褐色，披細長纖毛

【附錄】

有了植物，室內就生氣盎然

好友青秀的新居裝潢妥當，邀請許多好友相聚聊天。新居位於市中心大廈，設計裝潢雅緻不俗，唯一美中不足就是缺少植物。青秀對於照顧植物經驗不多，而且工作忙碌，所以，須挑選一些容易養護的室內盆栽植物。例如：馬拉巴栗，對環境適應力強，強光至陰暗處皆可生長，除了須注意勿過於頻繁澆水，以免把根群泡爛外，可說相當逆來順受，對於養植物可能忘記澆水的青秀而言，相當適合。另外，它有不同株高，自二、三十公分的小品盆栽，到一、二公尺的大型立地盆景均有，頗適合新手入門嘗試。

進門的玄關高鞋櫃上，適合擺放一盆矮虎尾蘭點綴，而壁面上可吊掛一盆蔓性嬰兒的眼淚，因此處空間較狹隘，最好選擇枝葉細緻者，免生侷促感覺。客廳有大型、採光良好的觀景窗，是室內光線最好的窗口，可以選擇須強光方開花燦爛的觀花性盆花，如四季杜鵑、天竺葵、非洲堇，讓室內植物除了「綠化」外，還能在素雅的室內環境中，增加色彩變化。

餐廳的餐桌可選擇玻璃容器裝填水晶粒栽培的星點木。餐桌講究清潔衛生，切忌選擇有毒植物，且須無土栽培，免泥土污染用餐環境。而廚房是經常接觸食物的場所，凡莖葉會分泌乳汁者，不論是否有毒都須遠離，而有毒植物如水仙之球莖，長得像大蒜，一定要遠離廚房，免急中生錯，造成危險。

廚房爐台最好不要擺放植物，而流理檯面亦不要擺放枝葉橫向伸展的植物，以免影響操作面積，若是不太使用的檯面，如轉角檯，則可選擇少

▼餐桌植物務必講究清潔，盡量選擇無土栽培植物

▼廚房檯面的小盆栽

▲浴室角落的小盆栽頗具點綴效果

落葉、枝葉細緻、瘦高型，株高約30公分的袖珍椰子或朱蕉。廚房亦可吊掛乾淨的無土栽培吊缽，如蕃茄、辣椒等之可食蔬果盆栽，或吃不完的大蒜種成蒜苗等，但必須吊掛於陽光充足的窗口。如果空間足夠，遠離調理食物區或角落，可放立地盆栽。

　　臥室並不適合擺放太多盆栽，因為晚上植物不再進行光合作用，卻仍持續不斷釋放二氧化碳，並吸入氧氣；若臥室門窗緊閉，室內二氧化碳濃度會因植物愈多而愈高，可能導致身體不適。因此臥室切勿擺放大型植栽，只能點綴少數小型盆栽。浴室濕度高，且濕度變化大，不宜放置多肉植物，容易水爛，可於浴室檯面擺放小型、韌性強的盆栽。

▲▼浴室檯面可放小盆栽點綴

植物基本作用與室內環境特色

◆ 植物基本作用

- 植物進行光合作用，以製造本身生活所需食物。
- 植物藉呼吸作用分解醣類，產生能量以進行體內各種生化活動。
- 植物之蒸散作用，即植物葉片不斷有水蒸氣自體內失散逸去。

可將植物種植於完全密閉的容器內，置放於適合的光照環境，即使不澆水或施肥，水與肥分的循環可自行得到平衡，但要長期達到平衡，植物選種與搭配須具備專業經驗。

◆ 室內植栽群置之必要性

人不能離群索居，植物似乎也有此習性。若由植物生理來探究，單株的植物的確較不健康。白天，溫度高光線明亮時，植物葉片不斷有水蒸氣自體內失散逸去（蒸散作用），單置的植物只能失去水蒸氣，而植物群置時，每一植物就不僅散放水蒸氣，也同時浸潤於周邊植物釋放水蒸氣之環境，如同置身於一自然林間，呼吸喘息的空氣中瀰漫了晶瑩纖細的小水滴。植物群置將自然形成空氣濕度高的微氣候環境，植物在其中生長得嫩綠而有精神。

◆ 室內環境特色

光

光線是室內植物生長最大的限制因子，因為植物需要光進行光合作用，製造植物生長所需食物。所以，利用植物美化室內時，須先瞭解放置植物處光線強度以及持續時間。

- 離窗口愈遠，光線愈差，只適合擺放陰性植物。
- 東向窗口早上有直射陽光，西向窗口則是下午陽光較強；南向窗口整日有直射光，北向窗口少有直射光，持續時間短，光強度最弱。
- 盆栽放置窗口時，光線僅從單邊照射，植株可能因向光性，產生歪斜株型。所以，擺放盆栽時，須適時轉動盆栽方向，讓盆栽四面平均受光，株型方能平衡整正。
- 開花植物對光線需求較殷切，較高的光強度以及適量之光照時數，花朵方能綻放。
- 陰暗處的植物，常因光線不足造成徒長現象，枝條伸展較長、枝葉稀疏，且不易開花。

濕度

室內的空氣相對濕度對一般室內植物較無問題，至於需求高濕度的植

物如鐵線蕨，就很難滿足。

溫度

- 室內溫度變化較戶外小，只有西向窗口午后氣溫較高，北向窗口冬天會更冷。
- 來自熱帶的植物多不耐寒，而來自溫帶者較不耐熱。

▲黑葉觀音蓮不耐低溫，寒冬會落葉

▶白紋草不耐低溫，寒冬會落葉

植物之光線需求分類

全直接日照	南向窗口60公分內，每日至少有5小時直接日照。不僅光度強，夏天氣溫還相當高，較適合陽性植物。
部分直接日照	東或西向窗口60公分內，每日少於3小時的直接日照。西向窗口之夏天午后不僅光強且高熱，須拉上窗簾以減少光強度。
明亮非直接日照	朝北窗口150公分內，或其他方向之窗口60~150公分處，適合多數室內觀葉植物。
部分陰暗	直射光之窗口150~240公分處，光線較弱，但氣溫穩定、多無風，適合半耐陰植物，多數開花植物較不適合。
陰暗	遠離窗口之陰暗處，僅適合非常耐陰的植物。

盆栽擺放位置

◆ 考慮環境條件

　　盆栽植物放置地點首重光照，雖然植物經過馴化過程，能學習慢慢適應環境，但若與適合環境條件差異太大，植物不易生長良好。至於在光線不適宜處擺放植物，可加裝植物燈輔助照明，或拉上窗簾減低光強度，而空氣濕度亦可以人為方式補強。

◆ 適宜擺放空間

　　盆栽擺放位置可依下列所述考量之：

- 配合空間尺度選擇盆栽大小，切勿讓空間太擁擠而產生壓迫感，但也不能太空洞。
- 優先選擇擺放於視覺易於觀賞之範圍內，若盆栽主體擺放位置太高，或將太矮小的植物放置於地面層，不但不易觀賞，且容易被忽視，恐怕連例行的維護工作，如澆水都會遺忘。

檯面、桌面或地面擺放

- 中型盆景，含盆缽約1公尺者，可擺放於30~45公分之矮檯面或地面。
- 高大盆景，含盆缽超過1公尺者，只適合擺放地面。
- 小型盆栽，高度僅30公分者，較適合擺放在高櫃、書桌或茶几上。除非與大型盆景搭配組合，或群置造景，方可放在地面層。

柱旁

- 若柱子旁空間充裕，可將一至數盆高大盆景如垂榕、馬拉巴栗、緬樹、琴葉榕等，倚靠或環繞柱子擺放。空間若不充裕，則可選擇高瘦型立式盆景。
- 柱子可包裹綠色塑膠格網，放置蔓藤盆栽，讓蔓性枝葉攀爬圍繞成綠柱，適合的植物如黃金葛、星點藤、薜荔、圓葉蔓綠絨等。

吊盆懸掛牆面或屋頂

　　蔓藤植物較適合做成吊盆，若蔓藤枝節處發生氣生根者，可種於蛇木板吊掛。此方式較不占空間，只是須注意勿吊掛於主動線；另外，為求方便觀賞以及安全考量，也不宜懸掛過高或過低。

倚靠傢俱擺放

　　盆栽最忌諱孤零一盆突兀擺放，除非是份量夠且漂亮的優型大樹，最好採群聚方式多盆組合，或是倚靠傢俱擺放，較有歸屬感。

▲餐廳角落的澳洲鴨腳木　　　　　　　　　　▲大型空間的大盆栽頗富氣勢

現成的植栽箱槽

　　若專為盆栽而設置箱槽,選擇適當高度之植物擺放入內。

其他

　　室內轉角或畸零空間,較不易處理的角落空隙或被疏忽的一角,適宜擺放盆栽點綴。

植栽選取原則

環境條件	每種植物適合生長的環境條件以及限制因子各有不同,主要的環境因子包括:日照、溫度以及濕度,例如蕨類多需較高的空氣濕度。
空間尺度	依空間大小配置適合該尺度的植物。
設計需求	依設計機能需求是隔間、焦點、點綴、填充畸零空間等,來選取適當植物。
所能給予之維護管理	維護管理工作看似簡單,但工作繁瑣,如澆水、施肥、修剪、噴藥、換盆、立支架等,其中細節各有講究。若沒有太時間養護植物,又喜歡種植植物,可以選擇低維護植物。
使用空間	一般居家室內之不同空間有不同需求與忌諱,如餐廳與廚房須避免有毒植物。

室內植栽之空間機能

室內盆栽可提供多元化機能,包括:分隔空間、塑造室內焦點、處理畸零空間等。

◆ 分隔空間

利用植物形成牆面,以分隔不同的空間,分隔時須考慮下列因素:

- 空間的私密性程度。
- 視線的穿透程度。
- 實質阻隔(穿越)程度。

分隔方式可分成下列幾種:

絕對隔離

分隔的空間具高度私密性,不僅無法任意穿梭,視線亦無法穿透,使身在其內的人們,可以感受高度圍蔽與庇護感,不受到干擾。以盆栽做為隔間之要求如下:

- 高度至少超過人們眼高(150~170公分),除立地盆景外,亦可設計高櫃,再擺置盆栽。
- 適用植物須枝葉茂密,穿透度低於5%,且分枝低,植株由底至頂均密布枝葉。但若空間夠大,也可選用枝葉較稀疏之植物,多排擺放,以降低視覺穿透度。
- 適用植物須常綠性,冬天不落葉者。
- 株高150公分以上的適用植物,如:番仔林投、虹玉川七、卵葉鵝掌藤、朱蕉、竹蕉、香龍血樹、孔雀木、福祿桐、垂榕、斑葉緬榕、琴葉榕、馬拉巴栗、黛粉葉、裂葉玲瓏椰子、黃椰子、觀音棕竹等。

▼視線可穿透,卻達到實質分隔

半透視隔離

　　分隔的空間不要求絕對私密,但不得完全暴露、一覽無遺,以隔間內部若隱若現為原則,植株的需求如下:

- 高度須超過人眼。
- 所採用的植物枝葉稀疏,具部分視透性。
- 分枝高低無妨,但眼高之處必須有枝葉。
- 植物擺放間隙10~20公分。

視透但不得穿越

　　此分隔空間的特點是,視線完全穿透、一覽無遺,但人身不能跨越穿梭。植物需求如下:

- 整體高度不得超過眼高,最好介於75~140公分之間。
- 盆栽植株彼此間隙不拘,只要無法任意於間隙中穿越即可。

形式隔離

　　視線上穿透,隔間高度也足以讓人們跨越,但形式上仍具有分隔精神與象徵。植株需求:

- 高度50公分以下。
- 植株須矮小,但枝葉是否疏密倒無所謂,也可以選擇蔓性植物。
- 植物可以表現成牆面的精神外,亦可以做地面層的隔離表徵。
- 植株彼此間隙仍不得相隔太遠,以免失去連續感及分隔效果。

其他注意事項

- 可單獨利用植物來分隔室內空間,亦可以與傢俱配合使用。
- 訂置箱櫃時,須注意盆缽尺寸,深度須超過盆高5~10公分,以免盆缽露出。
- 盛水盤絕不可省略,以防澆水時盆底洞漏流多餘水分,導致木製箱櫃發霉腐爛。

◆室內焦點塑造

　　不論是挑高大廳或侷促小居室,只要精心選擇植物種類與搭配,都可以塑造出集結重心、焦點、視線,且具高觀賞性、強化印象的室內景觀。

實行準則

　　可選擇室內挑空大廳中央、迴旋樓梯下方的畸零空間、客廳主牆面、觀景窗台,甚至室內一角,經過巧思與創意,以一群植物與其他物件搭配,布置成室內空間視覺之重心,塑造景觀焦點。實行準則與方法詳列如下:

- 該群植物的整體尺寸、份量與色彩,必須配合所在空間之大小尺度,勿顯得太侷促、擁擠,或份量不足不夠看。
- 植物擺置時須彼此靠接成一體。
- 植物本身應選擇觀賞性高、精緻、乾淨,生長型態井然有序而不雜亂者。

- 搭配成一體的植物群，彼此間不論質感、色彩、明暗度等須協調，且須具相似的生長環境。
- 植株高低搭配具層次感，由矮至高循序漸變，以及韻律性之營造。
- 除植物素材外，亦可搭配其他輔助飾景材料，如石組、竹材、石燈籠、動物塑型、小水景、竹籬、木雕、燈飾等。
- 前景植物種類多而複雜時，背景就須簡單素淨，以襯托前景主體。
- 植物本身最好單株分別種於盆缽內，再一起搭配，應用較具彈性。高度可用箱櫃、磚塊墊高來調整。
- 每一盆缽底部須放盛水盤，以備澆水時，餘水不致弄濕或髒污地面。
- 整群植物之地表，應採用適當材料鋪布，盆缽與水盤務必遮掩美化。地被材料之色彩、質感等，應與整體空間及植物群體搭配協調。空間廣大、植物葉大質重時，地被材料可擇粗質、大塊、色彩厚重者，如大塊的樹皮。反之則採用淺色之細粒砂石、小片樹皮，或絲條狀木皮。
- 收邊處理是最重要的最後步驟，可更突顯整體造型。例如用石塊堆邊、粗麻繩圍邊、板框加邊、竹籬收邊等。
- 於侷促狹小的空間，僅須選用一美觀的盆缽，配植數種高低不同的植物，再栽植地被，便可形塑出視覺焦點。
- 可利用大型透明玻璃、壓克力瓶箱或魚缸，填土或使用無土栽培介質，再栽入各種搭配適宜的植物群與地表鋪材，亦是相當出色的造景。

▼2010臺北國際花卉博覽會有許多以室內植栽塑造焦點之精彩作品

▲太平洋SOGO百貨-台北復興館以碩大空間營造室內植栽
景觀，提供消費者優質之室內環境
▼商業空間的焦點植群

▲▼新加坡機場有許多空間以多樣化植物綠美化之
案例

▲新加坡機場有許多空間以多樣化植物綠美化之案例
▼商業空間的焦點植群以枯樹幹點綴、石組收邊

▲台北松山機場以植栽塑造空間焦點

◈ 畸零空間處理

　　室內難免有畸零空間、黑暗角落或不易利用的小空間，例如旋轉樓梯下方、非直角轉彎處、樓梯轉折平台、緩衝空間等。若不加處理，畸零空間易顯突兀，甚至破壞整體美感。最簡單的方法就是利用植物，使畸零感消失或隱密，甚至轉化成別具特色、當吸引力的空間。

　　樓梯下方畸零空間個案：因樓梯造型不同，樓梯下方空間也不大相同，但多較不規整而畸零，要做有效的利用，有時還真令設計師傷透腦筋。

● 此空間多不夠明亮，最簡單的方式就是選擇耐陰樹種，擺放一盆適當高度的立式盆栽。

● 若要景觀更豐富，可按空間的高低變化，配置多層次的植栽或擺放大小不同的盆景，依序漸層變化，稍具造景設計之意。

● 若光線太差，可加裝人工照明補強，除選取植物時會更具彈性外，燈光也能營造氣氛，而更引人注目。

● 最佳做法乃改消極為積極，將此空間賦予創意設計，塑造成焦點區。

▶樓梯下方畸零空間處理

小空間綠化

現代都市公寓或大廈，室內空間較狹隘，但還是可以擠進一些植物，讓它顯得精緻而充滿活力。小空間綠化較不適合單獨擺放一盆粗枝大葉的植物，如姑婆芋或琴葉榕；亦不宜放置高大且幅寬的植物，讓空間顯得侷促與擁擠。因此在室內小空間布置植物綠美化時，選擇植物得恰如其分，要讓居住其間的人們感覺舒適與溫馨；否則，適得其反，植物的美化效果不彰，空間感也被破壞了！

◈ 植物選取與配置準則

對於坪數不大、樓板不高，傢俱擺放後地面層僅餘走道的室內空間，植物選取與配置可依循下列原則：

植株低矮

因樓地板空間需做為走道與轉寰之用，實在不宜納入較占空間的立地高型盆景，較適合選擇低矮盆栽，放置在半高櫃、壁櫃與檯面、桌面上。

枝葉細緻

枝葉細緻的小品盆景較適合小空間尺度。

景觀延伸

由室內延伸至戶外，或反向延伸，小空間的室內窗台、戶外陽台為可利用延續的空間。

色彩宜淡雅不強烈

小型空間內之植物色彩不宜採用突顯醒目者，但若居家背景、傢俱均是素雅色彩，則少部分植物可採用暖色調之賞花或觀葉植物做為點綴，免流於單調。

吊缽應用

吊缽較不占平面空間，當室內地面或檯面上都沒有空間來擺放植物時，吊缽是可利用方式，不論牆壁或天花板，都可依室內傢俱擺飾搭配吊缽。但天花板掛吊盆時，除須穩固，還須遠離主要活動處，另切忌頭頂上吊掛植物可能碰觸到頭。

擺放位置盡量沿牆近角落

空間小不宜再做分隔，避免空間零碎而更顯窄小。植栽擺放於室內中央，若會遮擋視線及動線時，即具分切空間效果，應儘量避免。空間既小，植物盆景愈高大者，宜愈貼近牆面或塞入角落；但矮小植栽不會阻礙視線，則可遠離牆面擺置。

植物種類宜單純不複雜

居室空間愈小，擺置的植物種類應愈簡單、統一化，以免除空間的壅塞雜亂感。

大型盆景宜選擇高瘦型

若欲擺置大型盆景，則須選擇直立單幹，葉片僅群簇於幹頂者，如象腳王蘭，並且擺放角落或貼牆而立。

適合小空間綠化的植物

▼青蛙藤

▶常春藤

▲常春藤

▶短葉虎尾蘭

適宜小空間綠化的植物

低矮者	非洲菫、大岩桐、玉龍、白紋草、吊蘭、短葉虎尾蘭、金脈單藥花、氣生鳳梨、紅葉小鳳梨、絨葉小鳳梨、雙色竹芋、西瓜皮椒草、銀道椒草、銀葉椒草、星點木等。
細緻者	小葉白網紋草、小紅楓、密葉椒草、曲蔓天冬、文竹、細葉卷柏、銀脈鳳尾蕨、嫣紅蔓、樹馬齒莧等。
吊缽	小圓葉垂椒草、長春藤、翠雲草、愛之蔓、綠之鈴、弦月、怡心草、嬰兒的眼淚、乳斑垂椒草、翠玲瓏、金玉菊。
高瘦型	五彩竹蕉、紅邊竹蕉、象腳王蘭、朱蕉、香龍血樹、酒瓶蘭。

水栽盆景進入室內

水栽瓶景很簡單,只須找一瓶缽,放入植物,倒入清水便告完成。近年來,水栽容器多樣化,亦促進植物水栽的推展。水栽盆景進入室內優點特色頗多,並不比植物土栽遜色,不妨找個漂亮的玻璃容器,試試水栽瓶景。

◆ 優點

清潔、無菌、無毒、無污染。使用清水與無土栽培介質,少了土壤的髒污,也不虞塵土飛揚,頗適合室內環境。

可限制植物生長

因水栽僅偶爾施加速效性肥料,且水中之養分及氧氣不如土栽者充足,限制了植物的生長,所以,水栽者生長多較緩慢,且株型精緻小巧許多。

管理維護容易

植物種在水裡,因生長緩慢,較不須修剪,只須注意清水補充及更換,或偶爾加些肥料,而容器數月清理一次即可。養護頗輕鬆容易,對忙碌的都市人而言再適合不過。

◆ 適用植物

並不是所有的植物都適合水瓶插養,適用者多是比較容易在水中生根,植株之莖幹或葉肉較粗肥可以貯藏養分,即使水插不外加肥料,亦可利用貯存於體內的養分,供應自身持續地維繫生命。水插者也不適合太大型的植物,否則植株太重,輕型介質的支撐力會不足。適用的植物種類如下:

天南星科

圓葉蔓綠絨、星點藤、合果芋、拎樹藤等蔓性者,以及植株型態直立性者如粗肋草。

◀黃金葛水插可限制其生長

▶黃金葛水插容易養護

▶黃金葛與萬年竹
　水插瓶景

長的插穗,最好全部剪取莖梢部分,
型態較美觀。插穗長度依植株葉片大
小而異,愈小型者如翠玲瓏或嬰兒的
眼淚,枝條須短小,因為節間數目超
過6節以上的枝條,水插較不易生
根,會導致葉片失水萎垂。將插穗莖
枝下部會浸水的葉片摘除,可先插在
清水瓶中,有些速生植物水插後2~3
天,即可隱約見嫩根自莖節處鑽出,
待根群發育一段時間,再予以定瓶處
理。

龍舌蘭科

　　許多竹蕉類頗適合,如黃邊短葉
竹蕉、五彩竹蕉、星點木、香龍血
樹、番仔林投、密葉竹蕉、萬年竹、
百合竹、綠葉竹蕉、朱蕉等。

鴨跖草科

　　如銀線水竹草、斑馬草、綠葉福
水竹、翠玲瓏、花葉水竹草等水插都
易生根。

棕櫚科

　　袖珍椰子、魚尾椰子。

其他

　　百合科的白紋草,各種椒草、地
瓜等,以及球根花卉如水仙。

◆ 植物水栽處理

蔓性者

　　由母株莖梢剪取長度約5~25公分

直立性

　　如朱蕉、竹蕉類,生長多年莖枝
下部葉片易脫落殆盡,此時可剪下莖
梢,將下部禿幹部分插入水中,待其
生根。而香龍血樹,可將生長多年,
莖幹直徑至少6~7公分的植株進行水
插,取莖幹切截成長度15~20公分的
段木,截斷面切口待陰乾後,塗布殺
菌劑再水插之。

種於盆缽者

　　原本種在盆缽土壤者,將植物自
盆缽中取出,根群會帶著土團,不必
急於一時清除土壤,可將根群與土球
一起浸泡在清水中一段時間,再自水
中提起植物,而後將根群在水龍頭下
淋洗,就很容易把根群四周的泥土清
除乾淨。再將過長或枯死的根群修剪
整理一番,泡於清水中等待水插。

裸根植物

　　自花市直接買回裸根植物，儘快浸泡於清水中，讓根群及早活化恢復吸水功能，將會快速發生新根毛及根群。

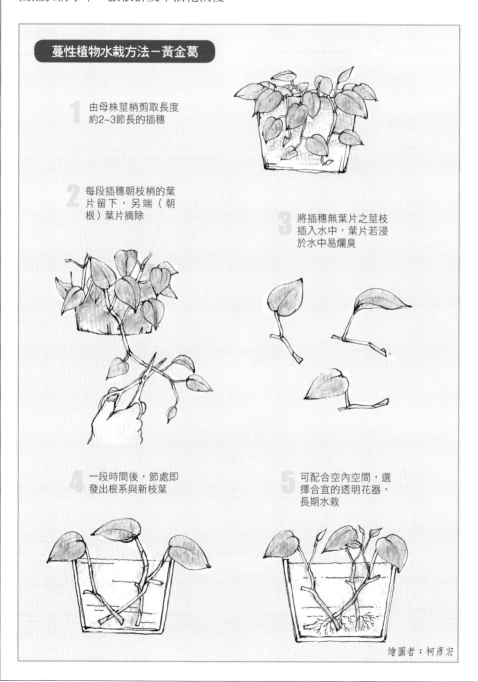

蔓性植物水栽方法－黃金葛

1　由母株莖梢剪取長度約2~3節長的插穗

2　每段插穗朝枝梢的葉片留下，另端（朝根）葉片摘除

3　將插穗無葉片之莖枝插入水中，葉片若浸於水中易爛臭

4　一段時間後，節處即發出根系與新枝葉

5　可配合空內空間，選擇合宜的透明花器，長期水栽

繪圖者：柯彥宏

種於盆缽之水栽處理—黃邊短葉竹蕉

1 選擇一盆健康的
植株

2 掘出後，於水龍頭
下將土壤完全沖淨
去除

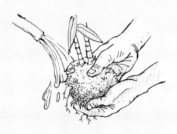

3 將枯死或冗長根群修
剪整理後，泡在清水
中一段時間

4 準備玻璃容器與發
泡煉石

5 將植株放在中央

6 充填發泡煉石，使
植株穩定不搖

7 日後須補充水分，
水位較發泡煉石約
高2~3公分即可

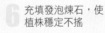

繪圖者：柯彥宏

維護管理

◆盆栽植物生長檢測流程

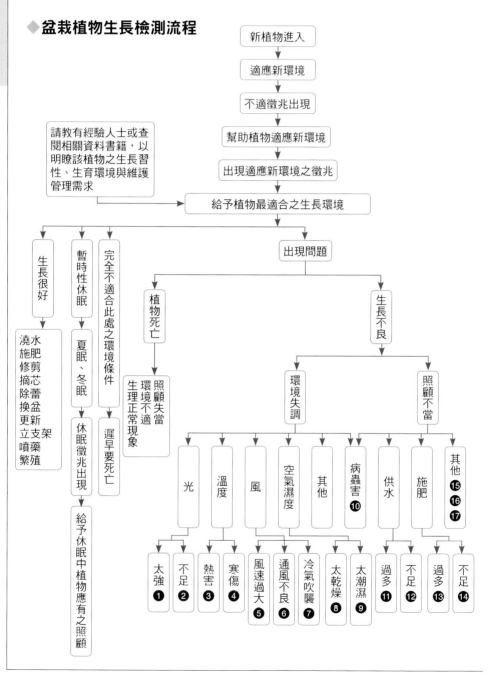

新植物進入

適應新環境

不適徵兆出現

幫助植物適應新環境

出現適應新環境之徵兆

請教有經驗人士或查閱相關資料書籍，以明瞭該植物之生長習性、生育環境與維護管理需求

給予植物最適合之生長環境

出現問題

生長很好

澆水
施肥
修剪
摘芯
除蕾
換盆
更新
立支架
噴藥
繁殖

暫時性休眠

夏眠、冬眠

休眠徵兆出現

給予休眠中植物應有之照顧

完全不適合此處之環境條件

遲早要死亡

植物死亡

照顧失當
環境不適
生理正常現象

生長不良

環境失調

光

溫度

風

空氣濕度

其他

病蟲害 ❿

照顧不當

供水

施肥

其他 ⓯ ⓰ ⓱

太強 ❶

不足 ❷

熱害 ❸

寒傷 ❹

風速過大 ❺

通風不良 ❻

冷氣吹襲 ❼

太乾燥 ❽

太潮濕 ❾

過多 ⓫

不足 ⓬

過多 ⓭

不足 ⓮

348

◆ 環境適應不良徵兆

❶ 陽光太強：葉片黃化、枯焦，葉緣紅褐化。

❷ 陽光太暗：莖細長、節間拉長之徒長現象，葉色黯淡灰暗，落葉，葉片變大；斑葉植物之葉色轉為綠色，斑色不明顯。葉片扭曲、朝向光源方向；不開花、落蕾。

❸ 溫度高熱：葉片失水、捲曲。

❹ 溫度低：葉片凍傷、葉片褐變、紅化、掉落。

❺ 風速太強：故置高樓陽台，起大風時，葉片風乾脫水、枯乾狀。

❻ 空氣太滯悶：葉面滴水長久不蒸發，葉片水漬腐爛，病蟲害嚴重。

❼ 冷風吹襲：葉緣褐化。

❽ 空氣太乾燥：葉片缺水不鮮嫩、枯萎捲曲。

❾ 空氣太潮濕：葉面出現灰白霉塊。

◆ 維護照顧不周徵兆

❿ 病蟲害嚴重：枝葉髒污、捲曲、變型，甚至死亡。

⓫ 土壤過濕：下葉黃化萎垂，根、莖、葉水腐狀，葉、花、芽早落，植株死亡；綠色黏質物或青苔出現於瓦盆表面。

⓬ 土壤缺水：新葉小，葉色暗沉，葉與花莖軟垂枯萎，葉、花、芽掉落，甚至死亡。

⓭ 施肥過多：新生莖枝變得瘦長。瓦盆表面有白灰狀物，乃多餘礦物質自土壤析出至盆壁表面。

⓮ 缺肥：葉片黃化，尤其老葉轉黃，花莖軟垂。

⓯ 未及時修剪更新：植株老化衰敗，下枝無葉之高腳狀，株型醜陋。

⓰ 未摘芯：枝葉稀疏，植株不叢茂，花朵不多。

⓱ 雜草叢生：景觀不佳，且雜草會與植物競爭養分。

◆ 清潔

● 水管沖洗：清潔植株時，可將盆栽移至浴室或陽台，以水管由上向下沖洗葉片與枝條，除去灰塵與蟲害；對於大型盆栽、葉片碩大光滑者，此法較方便。

● 氣噴筒：用氣噴筒噴葉片，以去除灰塵。

● 濕布擦拭：葉面平滑、革質之大葉片植物，可用濕布或海綿沾水擦拭葉面。

● 肥皂水：用稀釋之肥皂水擦拭葉面髒污處。

● 軟毛刷：葉面富毛茸的植物，如大岩桐或非洲堇，用柔軟的刷子清除葉面灰塵與髒污。

● 浸水：小型盆景之枝葉無毛茸者，可用整個手掌，覆蓋土面，將盆栽倒置浸入清水中，輕輕搖晃數秒後，移出水面，自然風乾即可。

● 剪除：葉面或葉端出現枯焦萎黃斑塊，因無法復原，只能剪除。

◆換盆

盆栽植物生長久了，根系會從盆缽下的排水孔長出來，此時必須進行換盆作業，程序如下：

步驟1：將植物自盆缽全部掘出。

- 若自盆缽移出困難，可先將盆缽完全泡水，待土壤濕軟後，較易掘出植物。

- 小型盆景可將整個手掌覆蓋盆栽土面，並用手指夾住植物莖幹，將盆缽倒置，並輕敲盆壁數次。另一手握盆，兩手以不同方向用力，至植物自盆缽分離。

- 大型盆景可用長鈍刀或竹片，插入盆壁，沿邊緣將根球土與盆壁切離。再將盆栽平放地面，用一木塊敲擊盆壁，另一手慢慢旋轉盆缽，試著將植物移出盆缽。

- 若一切嘗試都無法移出植物，且盆缽已破舊、不準備再利用，可採破壞盆缽方式移出植物。

- 若根系已長至根球外圍，且纏繞複雜時，先將根球外圍及下方的根切除部分，或剪除較長及腐爛的根系。

步驟2：準備大一號盆缽，排水口鋪

換盆－圓葉椒草

1 當生長一段時間，枝條抽長歪斜，根系冗長而糾結時，就須換盆

2 將根系完全掘出，抖落土壤，修剪腐爛及冗長糾纏的根群

3 預備較原盆缽大一吋的花盆，將植株栽入，填上新土

4 再經修剪、整枝與定型，即告完成

繪圖者：柯彥宏

不織布，可漏水卻不滲土，填入一層富含有機肥之疏鬆、排水快速之土壤後，再放入修根後的植株。

步驟3：根球與新盆壁間的空隙，填入新土壓實。

步驟4：換盆完成的盆缽完全浸入大水筒中浸泡，直至不再冒泡時取出，瀝乾水分後即可定位。

◆ 施肥

- 液體葉肥：可直接於葉面噴霧。
- 液肥：澆於土面。
- 緩效性的顆粒肥料：用小木棒沿盆壁壓入土壤內，較不會傷根。
- 緩效性條狀肥：插入盆壁邊緣，免傷根。
- 粉狀速效性肥：極少量疏撒於土面之遠離根處，再少量澆水。

◆ 供水

　　盆栽植物的根群都限制於盆土內，因此人為照顧之妥善與否，影響極大。尤其以供水最為重要，因為盆栽植物死亡最大原因常是「不恰當供水」，而「澆水過於殷勤、澆水過量」比「澆水不足」更易導致植物死亡。因為植物根群除了自土壤吸取水分及礦物質營養成分外，還得呼吸、吸收氧氣，當排水不良，土壤空隙全被水分占滿，缺乏氧氣時，植物的根系無法呼吸，只有窒息、腐爛死亡。

　　但澆水不足，植物會發生萎垂現象，一發現立即將整個盆缽浸入水盆中，讓土壤充分吸水，再移放陰涼無風處，多數植物會恢復原狀。

供水之影響因子及處理方法

- **植物種類**

例如多肉植物：仙人掌科、景天科或球根花卉、具肉質莖之觀葉植物等，因本身之粗肥莖、葉或根，保水能力強，故耐旱性高，根群切忌泡在濕泥土壤中。而蕨類多喜好稍潤濕的土壤，卻忌諱土壤完全失水。對於各個植物之需水多寡，除經驗外，可上網或書籍查閱植物相關栽培資料，以提供適當的澆水量與頻率。

- **光線**

盆栽植物放置於光線強、日照良好處，盆土水分蒸發作用大，失水較快；若放置陰暗無風角落的盆缽，一星期供水一次就已足夠。

- **溫度**

溫度高之夏天，水分失散快速，供水需殷勤。冬日溫度低，供水太多易導致土壤潮濕，而植物易因濕寒效應而凍傷凍死。冬日，植物若有休眠現象，需水量降低，更忌諱供水太多。

- **空氣濕度**

空氣較潮濕的場所或天候，植物葉片的水分蒸散作用及土壤水分的蒸發作用都受到抑制，此時，可減少水分補充；於乾燥的空氣環境，則須注意補充水分。

● 風

起風的日子，種植於風口處的植物，或置放於高樓大廈陽台或頂樓之植物，風大水分失散快，若不及時補充水分，植物很容易在短時間內失水、脫水而萎垂，不可不注意。

● 土壤質地

盆栽若使用保水性良好的栽培介質，如水苔、蛭石、泥炭土等，可減少澆水次數，但若使用保水性差的砂礫，就需經常補充水分。

● 盆缽種類、大小、材料

深盆缽因容土量大，土壤水分蒸發耗盡所費時間較長久，淺缽則須勤於補充水分。塑膠盆、上釉盆較不易失水，而瓦盆透氣好，散失水分也較多。盆缽口徑大比口徑小者較快失散水分，澆水須勤快些。另外，可於盆土表面鋪滿保水介質或種植地被植物，亦可降低土壤水分失散。

● 植物生長期

植物生長旺季，須吸收較多量的水分，因此須勤於供水；休眠期則儘量減少水分供應。

● 植株大小

大株植物吸收及蒸散的水量多，故須多補充水分，小巧精緻植物之需水量則減少很多。

何時需供水

有一簡單正確的檢測方法，就是用手指探入盆栽土面之下，直接觸摸盆土，若表土已乾鬆時，可立即徹底澆水；若食指黏附土壤，暫時不必澆水。若觸感不敏銳、不確定而有疑惑時，可以捏出一些表土，仔細觀察並觸摸後再做決定。

依植物需水類型適時供水

● 潤濕型

這類植物如蕨類、苔蘚類之鐵線蕨、波士頓蕨、紐扣蕨、翠雲草及非洲菫等，喜好生長的栽培介質需經常呈潤濕狀，保有水氣，卻不是爛泥狀。當用指頭觸摸土壤表面，一旦呈乾燥感時，即可補充水分，若土壤已至完全乾涸失水，極易導致植株萎垂補救不易。

● 稍潤濕型

多數的室內盆栽植物屬於此類，如毛蛤蟆草，耐旱力不高，卻又不喜好潤濕介質。澆水的適當時機，是用手指探入表土下一指節（約2~3公分）深度，介質呈乾鬆狀時即可澆水。

● 稍耐旱型

胡椒科各種椒草，天南星科的黛粉葉、蔓綠絨、龜背芋，龍舌蘭科的竹蕉以及天竺葵等，略具耐旱力，當用手指深入表土下3公分以上均呈乾鬆狀時，再供水即可。

● 耐旱型

多肉植物，如仙人掌、長壽花、串珠草、石蓮、風車草等，待盆上全

乾時，迅即補充水分都還來得及。

供水原則

- 供水原則是少次多量，每次供水均須澆透，意即盆缽內每一吋土壤都有水淋澆過，並至盆缽底有水流出。然後等待下一次的澆水適當時機到來，再予以徹底澆水。切忌每天或經常不斷地給一點水，那一點水每次只澆淋到土壤表面，盆底可能一直沒有水，如此供水不足，再加上供水不均，植物根群為了吸收水分，只能淺生於表土附近，根群發展會受阻，植物的地上部也會受影響。

- 每次徹底澆水可清除盆土內所蓄積來自施肥之有害鹽類，每次澆水過後，自盆缽底洞排出的水，切勿再澆淋至別株植物，盛水淺盤內蓄留的水也須及早倒掉。

- 若每次澆水，水分很快就從盆缽底洞流出來，可能是盆缽土球與盆缽間有縫隙，或盆缽土球內有大孔洞或裂縫。如此一來，澆的水並未深入土壤各處，而是快速沿孔隙流失，澆下再多的水對盆土也無益。若有此現象，應立即將此縫隙填補，或將植物取出，再重新填土裝盆。

◆ 供水方法

一般澆水

　　使用塑膠皮管或接噴霧頭來直接供水，若盆栽只有枝葉時，可自植株上部淋灑，藉澆水過程，順便將植株外表清洗一番。如此澆水後，仍須在盆土面再直接供水，免土壤受水量不夠。但盆栽花朵盛開之時，最好不要讓水分碰觸到花朵，花朵沾水會降低開花時間，只適合直接將水澆灑到盆土。

浸泡

　　第二個澆水方法是浸泡。所謂浸泡方式，就是把盆栽植物之盆缽部分整個浸入裝滿了水的大盆筒內，水位高度不得超過盆頂，免土壤流出。讓水充分浸透盆缽內土壤的每一孔隙。此時因水分進入，會看見氣泡被擠出的現象，如此浸泡直至不再產生氣泡時，即完成了盆栽浸泡手續。此後可將盆栽取出，待土壤孔隙中的重力水流盡後，再移放適當位置。

　　若用盆盤接水，則在盆土水分不再溢流後，將盆盤內留接的水分倒掉，否則植物的根就等於一直泡在水中，長久之後根易腐爛。

　　用蛇木板種植的植物，如鹿角蕨，為澆水透徹，可將蛇木板整個浸入水中，浸泡數分鐘後再拿出來，此方式效果最好。吊盆植物亦可用浸泡方式供水。

　　近日流行一些小品盆栽，其盆缽小巧，盛土淺薄，土面高凸盆頂，或土壤表面鋪滿苔蘚植物等，此種狀況

由上澆灌方式來供水，常見水順斜坡流失，不易浸入土壤內層，因此用浸泡方式供水較理想。

另外，盛花中的植物，若由植物上部補充水分擔心會淋濕花朵時，也可用浸泡方式供水。

盆底供水

至於一些根系對水相當敏感的植物，如秋海棠科有些具有肉質根莖的植物，常因土面水分稍多而導致肉質根莖腐爛。除了使用之盆栽介質必須排水良好外，澆水亦可採自盆底供水的方式，於盆缽底加一盛水淺盤，內注入清水，讓水自盆缽底洞進入，藉毛細作用上升並擴散到土壤各部分，此方式供水，盆缽表土的水分含量不致過高，可免根莖腐爛。

土面供水

葉面有絨毛的植物，如非洲菫，或葉片極細小又茂密的植物，如密葉波士頓蕨，澆水時葉片最好不要沾到水，免葉片間之細隙內的水珠，因長久不蒸發，而造成水珠四周葉片水爛，或造成水滯斑。最好採土面供水，水直接澆至盆土表面。當植物盛花期間，亦可採取土面供水。

蛇木柱澆水

立式盆栽中央有蛇木柱，供蔓性植物節處的氣生根貼附生長，澆水時不僅土面需供水，也需自蛇木柱頂部澆水，使蛇木柱不致乾枯，讓氣生根可自蛇木柱吸收水分。

◆ 植物缺水時的處理

忘記澆水，發現植物因失水而萎垂時，可用刀子小心地將非常乾燥的土面挖鬆，但不可傷根，再將植株連盆完全浸泡水筒中，並噴霧於地上部。待盆缽在水筒中不再冒泡，即可取出，靜待恢復。若經1~2天仍未復原時，可將地上部剪除，持續供水，等待其萌發新嫩芽。

◆ 製造較高的空氣濕度

盆栽放置一般室內，多嫌空氣濕度不夠，使原本水嫩的葉片逐漸失去潤澤，可藉下列方法，提供盆栽植物較喜好的潮濕空氣。

● 噴霧

利用手執噴霧器，經常在植物體四周噴灑細霧水，以提高植物體附近的空氣濕度，但在很乾燥的室內，此方法可維持之時效有限，須經常施行；或購買加濕器、自動噴細霧水。

● 群置

植物體之葉片不間斷地進行蒸散作用，自身就是一個空氣濕度製造者，室內乾燥時，葉片的蒸散速率加快，反之則減低。單株植物本身只消耗蒸散的水分，但植物群置時，可因蒸散作用而使其四周鄰近的空間形成

較高的微空氣濕度環境。這也可視為共生下之互利現象。因此，盆鉢最好不要一個一個零星散置，組合群置方式較有利於植物生長。

● **水盤上擺植物**

選用一個較盆鉢口徑稍大之淺盤，內鋪小卵石或發泡煉石，並注入清水，水位不可高過小石子，盆鉢置放

▲台北松山機場植物群置互利共生

其上，水盤中的水會持續不停地散發水蒸氣，使盆鉢四周局部環境有較高的空氣濕度。

● **套盆**

原盆鉢外再套加一較大口徑的盆子，二者之間填入保水性介質，如水苔，並讓它經常吸飽水分，就可自然蒸發出水蒸氣，散溢於植物四周。

● **水苔包盆**

用水苔將植物整個土球包裹成吊籃，並定期噴霧水於其外部，隔一段時間可將整個吊籃浸入水中，讓水苔充分吸飽水分。

● **放置高濕度環境**

利用魚缸擺放盆栽，上方半罩透明玻璃，如同一小型溫室，營造高濕空氣，供其內植栽所需。

◆ 其他

水溫

熱帶植物對水溫相當敏感，寒冷天氣除澆水量須減少外，水溫亦須注意，過於冷涼的水澆淋，不僅傷根，亦會傷及地上部葉片，不可不慎。澆用之水溫以接近土溫為原則，於盛夏中午，雖非澆水適當時機，只要水溫不過熱，澆水也不致危及植物；於水龍頭打開之際，軟管先流出的水可能很燙，待流水之溫度正常後再用來澆水，就不會出現問題。

水質

● 使用軟水，不得用硬水。

● 時間：澆水以上午較適宜，白天氣溫高，水分散失多，於一日之始供水，植物可慢慢吸收利用。傍晚時分供水，於盛夏時無妨；但冬日，尤其是寒流來襲時切忌避免，因夜間溫度降低，蓄存於盆土內的水，濕冷之下，植物更易造成寒害。

● 盆鉢或栽培容器底部無洞可排水，供水尤須謹慎，尤其使用非透明容器時，可使用「水位指示器」來控制供水的適當時間。

容器與無土栽培介質

室內植物多生長於容器內，容器的大小、材質與土壤種類等，會影響植物生長。塑膠盆便宜、質輕易搬運；素燒瓦盆通氣且透水，但盆壁易髒或長青苔，增加清潔的工作，質重且不耐摔易破裂；釉燒盆漂亮，但質重、價格較貴，多放置室內較講究景觀之空間。

◆無土栽培介質

泥炭土

多於沼澤、潮濕冷涼地區形成，北歐之芬蘭及加拿大等靠近北極圈之地區生產者最優良。生成較久者色深、纖維較細，生成年代較近者，色淺、質輕、通氣性較好，品質優於色深者。

發泡煉石

係由蒙特石粘土礦物經740~

760℃之高溫鍛燒而成。褐色、圓球形、表面非圓滑，具有多數孔隙，粒徑0.2~1.0公分。質硬，不易破損，可重複使用。排水快，保水、保肥力尚可。不含病蟲害或草籽，重約38磅/立分公尺。不會產生物理、化學與生物變化。性質穩定不分解，能抗緊壓。經高溫處理故清潔無菌、無毒、無雜草種子，無雜異物。美觀，但價格較高。

水苔

呈淺黃褐色至褐色，多來自水蘚屬（*Sphagnum*）或立灰蘚（hypnum

◀粗發泡煉石

▼泥炭土

▼水苔

▲粗蛭石

▲珍珠砂

moss）。pH值約3~4。保肥及保水力很強，可保存其體積60％或乾重10~20倍的水分。可購買已經調好pH值近中性者。

蛭石

由類雲母之矽酸鹽礦物，經760~1000℃的高溫加熱，膨脹為無數互相平行的薄片，原石主要來自美國與非洲，台灣市售蛭石多來自非洲。金屬色，片層狀，薄片間可保存水分、養分。

因表面有無數負電荷，陽離子交換能力高，保肥力極佳，保水且排水。pH值7~9，使用前須多加磷肥或調整至近中性。經高溫處理而清潔無菌、無毒、無雜草種子，無雜異物。質輕（7~10磅／立方英尺），使用時因固持力不足，不宜單獨使用。

初次使用通氣佳，但因結構疏鬆，易受外力破壞而變細碎，降低其通氣性，故不宜與土壤、砂等硬性介質共用。亦不宜重複多次使用，適於短期（3~4個月）盆栽，並為極佳之播種介質。

珍珠砂

原石之產地是日本與希臘，台灣之珍珠砂由希臘進口原石加工處理而成。矽酸鋁火山岩原石先經粉碎，再經760~982℃高溫，使粒子內水分變成水蒸氣，膨脹成白色小球，並且有無數封閉而充滿空氣的小室，質輕可浮於水面。

本身並不會吸水，但水分可附著於顆粒表面，可攜帶本身重量3~4倍的水分。pH值約為7.0~7.5，近中性。不引起化學變化，不具緩衝力，無陽離子交換能力，不影響介質之酸鹼度，品質一致。無病蟲害，不腐化或分解，但與土壤混合亦會擦破變碎。極輕，僅6~8磅／立方英尺，混加時可增加介質的通氣性，潮濕時易與其他介質混合均勻。

保水、排水、保肥力極佳，初次使用通氣佳。經高溫處理而清潔無菌、無毒、無雜草種子，無雜異物。使用時因固持力不足，不宜單獨使

用。用於觀葉植物栽培時,其內所含的鈉、鋁及一些可溶性氟,可能會傷害葉片,使用前應以大量水充分淋洗去除。

稻殼

為農產品廢棄物,價廉、質輕,排水性與通氣性均佳,且不會影響介質之pH值,可溶性鹽類或肥分低,不易分解。對改善粘重土壤之通氣性有極佳之效果。使用時因蒸氣消毒過程中會釋出錳而危害植物,須注意。

使用前須半腐熟化,以除去病害。碳氮比高,使用時應加施10%氮肥。拌入量應少於介質總體積之25%。若拌入經碳化的稻殼時,就無

▼稻殼

▼甘蔗渣

需增加氮肥的用量。若碳化過度會造成顆粒粉碎,添加拌入較無法改善介質之通氣性。

甘蔗渣

為農產品廢棄物,具有高度保水力,含糖量高。碳氮比高,分解快速,用於容器栽培常造成介質之通氣不良與體積縮小,僅限於短期栽培時使用。完全腐熟之甘蔗渣,使用量占介質體積之20%以下,並須多施氮肥。

蛇木屑

桫欏科的植物都是多年生、喬木狀的蕨類,莖直立,外表常被有纏結堅固的不定根,取下這些不定根分離或細碎以後,稱為蛇木屑,是台灣地區種植蘭花的重要介質。

台灣產的桫欏科植物有桫欏屬6種和筆筒樹屬(*Sphaeropteris*)1種,以筆筒樹和台灣桫欏最普遍。質輕、乾淨、色黑,質地有粗有細。質地粗者排水過於快速,通氣性極佳,僅適於氣根性植物栽培使用。質地細碎

▼蛇木屑

無土栽培介質比較

清潔無菌 無雜質	極高溫製成：例如：珍珠砂、蛭石、發泡煉石、與蓄水晶粒等。	自然素材：來自地底深處之泥炭土，以及來自植物本體之蛇木、椰殼、與水苔等。
pH值	酸性：水苔與泥炭土。	鹼性：蛭石。
質量	質輕：珍珠砂、蛭石與稻殼等。	質重：發泡煉石。
質地	硬，不易變型，可重複使用：發泡煉石、粗蛇木屑與蓄水晶粒。	易碎，不可重複使用：蛭石、珍珠砂。
吸水力	強且持久：水苔與蓄水晶粒。	差且排水快速：稻殼與蛇木屑。
保肥力	強者：蛭石、水苔與發泡煉石。	弱者：珍珠砂、蛇木屑與稻殼。
通氣性	佳：蛇木屑、水苔、珍珠砂、蛭石、稻殼與發泡煉石。	差：碳化稻殼。
價格	廢棄物價廉：稻殼與甘蔗渣等。	價格高：發泡煉石。

者，可與其他介質混用，做一般植物栽培使用。

較少單獨使用，混加其他質重之介質，可增進通氣與排水。可重複使用，常壓製成多種形狀，如蛇木板、蛇木柱等，適於氣生根發達植物附貼。

蓄水晶粒

或稱蓄水膠粒、寶力滿，在乾旱地區，如荒漠之地，為解決長期缺水而發明之產品，主要用途可增加砂土的保水力，長時間綠化使用，可使蠻荒的沙漠變成綠洲。在沙漠地區之砂土中混加此介質，一次大雨後，或人工充分澆灌後，可以多量的吸飽水分，減少水分的流失，所吸收之水分可長時間慢慢供植物之根群吸收利用，使荒漠中的植物可以藉一年少次的降水而存活。

▼白色如水晶般的蓄水晶粒

蓄水晶粒為天然或人工合成的超吸水性、高分子聚合物（super-absorbent polymers），如澱粉、聚乙烯醇、聚丙烯醯銨。乾燥時呈白色細粉狀，充分吸水後可膨脹為原體積的30~40倍，或原重量之數百倍，吸水力極強，意即保水力極強。

吸水後呈柔軟、透明之果膠狀，所吸收之大量水分不會因擠壓而流失，吸水後之膠粒亦不易破碎。中性、無毒、不含肥分、安定。與土壤混用時，藉膠粒體積膨大而呈團粒大小，可增加土壤空隙及離子交換表面，改善土壤質地。容器栽培時可顯著的增加盆土的保水力，減少澆水次數，生長其中之植株在緩和的水量變化下，可提高品質與產量，此介質亦適用於播種與扦插。

◆ 選擇原則

良好盆栽介質是由多種介質混合而成，其物理、化學性質較單獨使用一種為佳。選擇時要考慮操作方便、價格便宜、性質一致、無毒性、質地輕、陽離子交換能力高、通氣性佳、保水力強、適當的碳氮比與pH值以及耐衝擊等。

一般住家於屋頂、陽台或地下停車場之地面層種植物時，應考慮荷重問題，宜採用質輕之介質。

為利於排水，盆栽最下層放發泡煉石，再填入15~18公分高之介質，可採用下列比例：

- 泥炭土：珍珠砂：砂質壤土=1：1：1（體積比）
- 拌入1/3的砂質土壤，是為增加重量，且土壤中含養分，尤其是一些微量元素，不施肥或施肥不當，亦不會立即出現缺肥現象。

良質土壤取得不易時，可用河砂或無土介質。若盆栽則最好採用無土介質，如泥炭土與蛭石依體積1：1混合，可再拌入珍珠砂；乾旱季節或種植需水多的植物，多不加珍珠砂；需水不多、但求通氣好之氣生植物如蘭花，則要多拌加珍珠砂與蛇木屑以利通氣。故介質混合的比例，依植物種類、氣候、管理方法而異。

▼椰殼

▼樹皮

室內開花植物的照顧

室內光線多為非直射光，並不是很明亮，但仍適合種植某些室內開花植物。例如：非洲菫、大岩桐、袋鼠花、西洋杜鵑、海角櫻草等。但是，當室內的開花植物，怎樣細心照顧，就是不開花時，就得仔細審視以下要素，查清楚究竟哪個環節出了問題？

◆ 光強度

對植物而言，開花非常損耗能量，較發出枝葉或維持成長，需獲取更多能量，而此能量來自太陽。若沒有接受足量的光與強度，開花植物就沒能力綻放花朵。始終放在陰暗角落的盆栽不開花，多因光不足所造成，此時將植物逐漸搬移至南向窗口，先補足光強度，若仍不開花，再檢視以下項目。

◆ 光週效應

植物每日接受日照時數的多寡會影響開花的效應就叫光週效應，植物依光週效應可分為下列三大類：

● 長日照植物

例如：大岩桐、扶桑、蜀葵。這類植物每日的日照時數必須超過某一定值才會開花。有些窗口只有半日照，每日的日照時數不足，要開花就頗困難。

● 短日照植物

例如：菊、長壽花、聖誕紅。這類植物每日的日照時數必須短於某一定值才會開花。有些室內空間，因室內照明導致植物每天接受日照時數過長，短日照植物就無法開花。

● 中性植物

這類植物是否開花，並不受每日的日照時數多寡所影響，只要植物長得夠大、光線強度足夠，就能開花。例如：非洲菫、西洋杜鵑、天竺葵。

若瞭解植物這方面的特性，可以人為方式搬運植物至較適合的日照場所，或利用人工照明以補光或增長日照時間，或罩不透光的黑布簾以減少每日日照時數。

▶長壽花為短日照植物

◆ 供水

室內開花植物若澆水太勤快，土壤經常呈濕潤狀，較不易形成花芽。盆花若一直不開花，可減少澆水，讓土壤呈乾鬆狀一段時間，但不至造成植物萎凋，將促進生殖生長。室內植物一旦花苞形成，就需多量澆水，尤其當四周的光線強且乾熱時，因蒸發快速，更須多量供水，免形成的花苞無法順利長大並綻放。

澆水時，切忌水滴到花朵上，不但會因此減低植物開花的持續時間，水滴太大經久未揮發，花容易水爛，並引發霉菌而罹病。但若由土面澆水即無此問題。

◆ 肥料

室內盆栽植物若施太多氮肥，較促進營養生長，而抑制生殖生長，導致開花不佳。要促進開花就要多施磷肥與鉀肥，而減少施氮肥。買肥料時可針對植物不同時期對肥料的需要，購買 N-P-K（氮-磷-鉀）不同比例者。

◆ 修剪與整枝

當植物營養生長太過旺盛，或出現徒長現象，會較難開花。解決的簡易方法，就是修剪，將冗枝剪去，可能導向日後朝生殖生長而開花。但太過頻繁的修剪，或修剪時間不恰當，導致花芽無法形成，或將潛藏花芽剪去，均會影響未來開花。

◆ 盆缽大小

室內植物若種植在太大的盆缽，植物會傾向先發展根部，地上部生長就會被抑制而緩慢，花苞較不易形成。待盆缽內已長滿根，於盆土有限空間內，似乎已無法再進一步發展根系時，植物本身所製造的養分方開始轉向地上部發展，而有機會形成花苞。

◆ 土壤

土壤pH值低於5，土壤呈酸性，土壤內某些可能毒害植物的離子會被植物吸收，而有礙植物生長。土壤的pH值高於8（土壤呈鹼性），土壤內的鐵、錳等又會變成不溶性，無法被植物吸收利用，而影響植物生長，也不利於開花。多數植物喜歡生長在偏中性土壤中。

◆ 植物本身

植物若不夠成熟，還太幼嫩時，是無法開花的。另外，植物處於休眠狀態時，也不會開花。植物常移植，使植物的正規生長一再受到打擾時，亦不容易開花。於花苞形成之際，需更換盆土時，只須替換表土三分之一，以降低對植物生長之干擾。

長時間無法照顧植物之處理

長時間無法照顧植物時，可能面對的問題及解決辦法，分項說明如下：

◆ 施肥

施肥並不很需要，因肥分一多，植物就長得快，對水分需求也多。一段時間未修剪整枝，植物可能已長得像雜木、雜草一般。需肥較多的植物，可於盆土中加入少量之緩效性化學肥料，其他植物以不施肥為原則。

◆ 修剪

株體若已生長繁茂，或具生長快速特質，可進行更新，做一次強剪，使株體變小，植物對水分以及肥料的需求也會降低。但生長緩慢的植物，不建議做任何修剪工作。

◆ 馴化

長時間無法照顧前一、兩個月，就進行馴化處理，例如：減量澆水等，讓植物適應一段被忽視的日子。

◆ 澆水與保濕

澆水是所有照顧工作中最不可缺少的，只要能解決供水問題，就可以一段時間不照顧植物。以下列舉幾種澆水及保濕技巧，不妨試試。

自動澆水系統

除非室內植物多，否則不建議裝設自動澆水、滴灌系統。即使有此澆灌設備，於無法照顧植物前，得先做一番檢查，免出問題。

透明塑膠袋套加

小盆植物可全株套袋，大盆植物不便全株套袋，只套加花盆部分。如此植株蒸發與土壤蒸散的水分都集中於透明塑膠袋中，植物對水分的需求會減少。

放在浴缸裡

利用浴室的大浴缸，底部鋪舊報紙或會吸水的毯墊，後鋪上紅磚，再將盆栽植物放在上面，然後將浴缸排水洞封住，注入水至磚塊頂端，利用毛細現象，水分將一點一點地滲透到盆栽的土壤裡。此法至少可維持一個月不澆水，直至浴缸的水全部蒸發掉。而後留積在盆土中的水分至少還可維持植物生長一至二星期。此法較適合好潮濕的蕨類與卷柏。離開時間若更久，浴缸中的磚塊可加高，水也可注入更多，維持時間就可再加長。

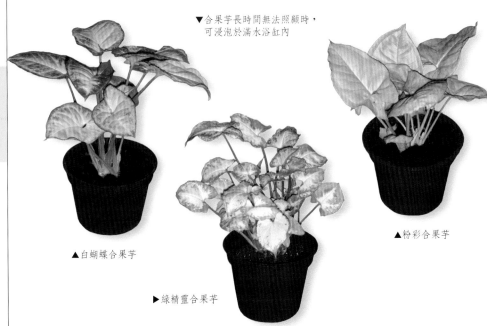

▼合果芋長時間無法照顧時，可浸泡於滿水浴缸內

▲白蝴蝶合果芋

▶綠精靈合果芋

▲粉彩合果芋

利用吸水墊

利用兩個長方缽，一個倒立，一個正立，並排放好，拿一個吸水墊由一缽鋪至另一缽，在倒立的長方缽上放花盆，正立的長方缽內注入清水，藉毛細作用，水分就持續地進入盆土中。少量植物可用此法。

放在洗槽裡

小型的盆缽可放在廚房的洗槽裡，底部墊一塊吸水力強的墊子，水龍頭不要關很緊，讓很小很小的水滴，慢慢地滴在墊子上。藉毛細作用，水分就持續地進入盆土中，洗槽的排水孔不要塞住，讓多餘的水可以流掉，適量的水滴正好供植物生長。

利用綿線

取一水桶其內裝滿清水，將粗綿線剪出適當長度，一頭埋入花盆中，另一頭垂至水桶底，藉毛細作用，水分就持續地進入盆土中，一次可處理多量植物。只要水桶中一直有水，綿線就可源源不斷地供水給植物使用。若離開時間久，長期無法照顧植物，需使用較大水桶，裝滿水，就可以安心離開，一至二個月都沒問題。

◆ 光線

室內朝西或朝南的窗口，光線比較強，甚至有直射光進入，光強會加速植物水分失散，因此最好拉下窗簾，或至少拉下一半，以減少光強度。

室內常見低維護植物

◆懶人植物

　　若植物嬌貴，對環境敏感，適應彈性差，不喜台灣的風土氣候、畏熱怕寒，又非常依賴人們的維護照顧，難免讓忙碌的現代人，對植物畏懼三分，既愛又怕。所幸植物多樣化，即使是想擁有綠化室內，卻又沒太多時間和精力去呵護植物者，只要選擇適合的植物，隨興所至、可有可無的照顧方式，也能擁有一室的綠。這類適合的植物就是所謂的低維護植物，亦稱為懶人植物。具有以下特性：

耐旱力強

　　莖幹肉質粗肥，葉片肥厚，因自備貯水構造，具相當的耐旱力。因為耐旱，可以忍受偶爾或經常忘了供水。也不會因盆缽土壤缺水，而呈現萎凋外貌，甚至導致死亡。

生長緩慢

　　生長速率緩慢者，數十天如一日，即使一年也生長不了多少，可省略整理、修剪或更新工作。或採用清水瓶養方式，也能減緩生長速率。

生性強健

　　生性強健，生命力強，對生長環境適應彈性範圍廣，對維護管理工作要求不高之植物。這群植物的特色就是無論給它什麼環境或照顧，都能活得很好。

需肥不多

　　若室內植物對肥分依賴強，一旦葉片缺肥，就會出現黃化現象；另外也有一些植物，依賴肥料不強，只須藉由緩效性肥料，就終年生長得油綠可人。

　　室內植物若具有上述條件，栽培起來可省事得多。不容易生病或遭蟲害，也不必經常費時修剪更新，澆水、施肥、噴藥工作也不需十分頻繁，卻可以長久地提供具觀賞性的外表，以下即介紹這群懶人植物。

◀馬拉巴栗

◆懶人植物分科列舉

天南星科

圓葉蔓綠絨、黃金葛、黛粉葉、粗助草等。

龍舌蘭科

星點木、彩虹竹蕉、黃邊短葉竹蕉、鑲邊竹蕉、黃綠紋竹蕉、密葉竹蕉、銀線竹蕉、酒瓶蘭、朱蕉、巴西鐵樹、百合竹、虎尾蘭、黃邊虎尾蘭、短葉虎尾蘭、棒葉虎尾蘭、象腳王蘭。

觀賞鳳梨

氣生鳳梨、紅葉小鳳梨、五彩鳳梨、中斑紅彩鳳梨等。

胡椒科

本科植物多偏肉質性，需水不多，生長緩慢，如圓葉椒草、金點椒草、紅邊椒草、白斑椒草、撒金椒草、三色椒草等。

五加科

孔雀木、澳洲鴨腳木、鵝掌藤、福祿桐等。

百合科

武竹、蜘蛛抱蛋、沿階草、銀紋沿階草、吊蘭、白紋草等。

▶鳥巢蕨

桑科

琴葉榕、垂榕、印度橡膠樹等之植株較高大的立地盆栽。

蘿藦科

毬蘭、斑葉毬蘭、紅葉毬蘭等。

棕櫚科

袖珍椰子、竹莖椰子、觀音棕竹等，耐陰性強、生長緩慢。

蕨類

雀巢羊齒、波士頓蕨、兔腳蕨是蕨類植物中較容易栽培者。

其他

馬拉巴栗對環境適應力強，乃室內盆栽的寵兒。

以上列出的植物，其中不乏樹型優美、姿態優雅或葉色特殊者，觀賞性無庸置疑，若想輕鬆地擁有一室翠綠，慎選植物乃首要之務。

▲琴葉榕

組合盆栽

組合盆栽乃指將多種生長環境類同的植物，不論是觀葉、賞花、美果或聞香之植物，栽植於一個盆器內，讓它呈現整體搭配組合之豐富美感。較單一植物之單調，組合盆栽可表現多彩多姿的絢麗。較簡單的方法就是將花盆放入大盆箱中，或將不同植物直接種在大盆缽中。對於居住在都市中，欠缺庭園栽種美麗花草的人們而言，可以親自動手做，兼具設計、休閒與創意的組合盆栽，是創造個人迷你花園的最佳方式。

◆ **製作要點**

主題

首先依據計畫擺置組合盆栽的空間，如臥室、客廳、餐廳或廚房，因應空間規格、希望營造氛圍等需求，選擇合適主題，使組合盆栽可以成為該空間中重要焦點或點綴。如餐廳或廚房可採鮮菜、美果為主題之組合盆栽；客廳較講究氣氛，多朝向觀賞性高之主題發展。

植栽組合原則

植物依設計原則，如線條、造型、質感、色彩等，以及平衡、對稱、協調、韻律、對比、突顯等原則來搭配組合，使整體呈現之效果，兼具美感與創意。3種以上植物之組合安排，可採不等邊三角形方式，降低呆板感，植株組合需有主、副之分。

植物材料

因栽種於同一容器，置放於同一場所，為使組合盆栽內之不同植物均可生長良好，所選擇的植物其環境適應性須類似，如日照、溫度、濕度以及土壤酸鹼度等。因此需先瞭解置放地點之環境條件，再據此選擇合適植物。

其他輔助材料

如竹條、朽木、鐵絲、繩索、小型裝飾物（如小瓢蟲、蝴蝶、水浴台、中國結）等，都可以加入，只要搭配得宜，更得化龍點睛之效果。

栽培用土

可於土壤中混合其他無土栽培介質，如小石礫、蛭石、珍珠砂、椰殼屑、蛇木屑、水苔或細碎樹皮等，調整土壤至適合之酸鹼度，使栽培介質有較佳之透氣、透水或保肥、保水性。

土面處理

盆栽表土除栽植地被植物外，亦可鋪布其他材料，如發泡煉石、蛭石、珍珠砂、彩色細石、木屑、蛇木屑、小石塊等，絕不可讓泥土裸露。

容器

依所選定的主題，選取合適的容器，如形狀、色彩、質感及大小等，若市售容器過於昂貴或與主題不合，可從生活中找尋靈感自行創作，或利用廢棄物，如保特瓶、密封罐、筆筒等，再加以包裝或後製。

◆其他注意要點

- 同一容器內所搭配的植物，須具有類似之環境要求。
- 自製盆器之底部需留適當的排水孔洞，底洞附近鋪排破瓦片，以利排水。
- 盆器本身若為吸水材質，如木材、竹片等，使用一段時間，易因水滯斑而造成盆壁髒污，需於盆壁內襯加一層塑膠袋，免濕土直接觸及盆壁。
- 組合盆栽亦可將盆缽直接放入盆箱內，再將空隙填滿水苔、泥炭土或樹皮，以方便日後更換新植物。

臺北國際花卉博覽會展出
許多優秀之組合盆栽

臺北國際花卉博覽會展出
許多優秀之組合盆栽

中名索引

索引

學名索引

索引

英名索引

台灣自然圖鑑 033

室內觀賞植物圖鑑〔下〕

作者	章錦瑜
插畫	張世旻
主輯	徐惠雅
版面設計	洪素貞
封面設計	黃聖文

創辦人	陳銘民
發行所	晨星出版有限公司
	台中市407工業區30路1號
	TEL:04-23595820 FAX:04-23597123
	E-mail:morning@morningstar.com.tw
	http://www.morningstar.com.tw
	行政院新聞局局版台業字第 2500 號
法律顧問	甘龍強律師
初版	西元2014年11月06日
郵政劃撥	22326758（晨星出版有限公司）
讀者專線	04-23595819#230
印刷	上好印刷股份有限公司

定價 690 元

ISBN　978-986-177-924-9

Published by Morning Star Publishing Inc.

Printed in Taiwan

國家圖書館出版品預行編目資料

室內觀賞植物圖鑑〔下〕/章錦瑜著.--初版. --台中市
：晨星, 2014.11
　384面；15*22.5公分. --（台灣自然圖鑑 ;033）

　ISBN 978-986-177-924-9（平裝）

　1.觀賞植物　2.植物圖鑑

435.4025　　　　　　　　　　　　　103017284

◆ 讀者回函卡 ◆

以下資料或許太過繁瑣，但卻是我們了解您的唯一途徑，

誠摯期待能與您在下一本書中相逢，讓我們一起從閱讀中尋找樂趣吧！

姓名：_____ 性別：□ 男 □ 女 生日： ／ ／

教育程度：_____

職業：□ 學生 □ 教師 □ 內勤職員 □ 家庭主婦
　　　□ 企業主管 □ 服務業 □ 製造業 □ 醫藥護理
　　　□ 軍警 □ 資訊業 □ 銷售業務 □ 其他_____

E-mail：_____ 聯絡電話：_____

聯絡地址：□□□ _____

購買書名：室內觀賞植物圖鑑〔下〕

‧誘使您購買此書的原因?

□ 於 _____ 書店尋找新知時 □ 看 _____ 報時瞄到 □ 受海報或文案吸引

□ 翻閱 _____ 雜誌時 □ 親朋好友拍胸脯保證 □ _____ 電台DJ熱情推薦

□電子報的新書資訊看起來很有趣 □對晨星自然FB的分享有興趣 □瀏覽晨星網站時看到的

□ 其他編輯萬萬想不到的過程：_____

‧本書中最吸引您的是哪一篇文章或哪一段話呢?_____

‧對於本書的評分?（請填代號：1.很滿意 2.ok啦！ 3.尚可 4.需改進）

□ 封面設計_____ □ 尺寸規格_____ □ 版面編排_____ □ 字體大小

□內容_____ □文／譯筆_____ □ 其他_____

‧下列出版品中，哪個題材最能引起您的興趣呢?

台灣自然圖鑑：□植物 □哺乳類 □魚類 □鳥類 □蝴蝶 □昆蟲 □爬蟲類 □其他_____

飼養＆觀察：□植物 □哺乳類 □魚類 □鳥類 □蝴蝶 □昆蟲 □爬蟲類 □其他_____

台灣地圖：□自然 □昆蟲 □兩棲動物 □地形 □人文 □其他_____

自然公園：□自然文學 □環境關懷 □環境議題 □自然觀點 □人物傳記 □其他_____

生態館：□植物生態 □動物生態 □生態攝影 □地形景觀 □其他_____

台灣原住民文學：□史地 □傳記 □宗教祭典 □文化 □傳說 □音樂 □其他_____

自然生活家：□自然風DIY手作 □登山 □園藝 □觀星 □其他_____

‧除上述系列外，您還希望編輯們規畫哪些和自然人文題材有關的書籍呢?_____

‧您最常到哪個通路購買書籍呢? □博客來 □誠品書店 □金石堂 □其他

很高興您選擇了晨星出版社，陪伴您一同享受閱讀及學習的樂趣。只要您將此回函郵寄回本

社，我們將不定期提供最新的出版及優惠訊息給您，謝謝！

若行有餘力，也請不吝賜教，好讓我們可以出版更多更好的書！

‧其他意見：_____

晨星出版有限公司 編輯群，感謝您！

晨星回函有禮，好書寄就送！

只要詳填《室內觀賞植物圖鑑〔下〕》回函
卡，附40元郵票（工本費）寄回晨星出版，
自然好書《植物遊樂園》馬上送！

（原價350元）

天文、動物、植物、登山、生態攝影、自然風DIY……各種最新最
夯的自然大小事，盡在「晨星自然」臉書，快點加入吧！